扒糞救地球

改變世界的77種方法

Boringology

77 nerdy,bizarre and bewildering scientific projects that just might change the world

羅傑・多布森◎著
謝伯讓、高薏涵◎譯

目錄——CONTENTS

第二章 接吻的祕密、速食店、爬樓梯、打哈欠，以及人們說「對不起」的次數

第三章 觀察螞蟻、計算蚯蚓的數量、聽聽狗叫聲，以及狒狒的叫聲

第四章 跟企鵝說話、觀察胖胖鳥、北美紅鴨

第五章 克里夫·李察、和女巫溝通、女王，以及英國人的驕傲

第六章 戀物癖、一夜情、大小真的很重要

第七章 如何煮蛋、如何利用頭皮屑，以及觀察甘藍菜的成長

第八章 如何算出贏家、揪出說謊者，以及讓口香糖不再黏在人行道上

第九章　測量手指長度、腿長、胸部的晃動幅度以及婚姻的和諧度

〔導讀〕

研究者自得其樂，讀者心生共鳴

林良恭（東海大學生物系教授）

在大學每年新學期時，我常會面臨如此的情景：剛剛入學、還帶著新鮮氣息的大一生躲躲閃閃進到我的研究室，怯生生地開口問道：「老師！我想做研究，你可以指導我嗎？」我一定會反問說：「好呀！你想做什麼研究？你想到什麼樣有趣的問題了嗎？」在這之後，則是得到一片寂靜……似乎對他們而言，「做研究」和「有趣」是兩條平行線。或許，我們這些整日待在實驗室與研究資料爲伍的老師，在學生們的眼裡也並不怎麼風趣，甚至算是相當死板、嚴肅，有時還流於不解風情。

一般人可能都是如此想：研究就是研究，一定要艱深，問的問題要是那種「大哉問」，就像十九世紀英國詩人波普（Alexander Pope）所說的：

膚淺之學乃危殆之事
窮精深探方能品嘗百靈甘泉

不可否認，扎扎實實的科學啓蒙教育正應如此，這是學校裡的科學教育。可是在眞實的生活世界裡，許多事情的因果關係常常被視爲理所當然，研究者也順勢想當然耳，反倒忽視其背後隱藏的問題。然而，世間萬物有許多事件並沒有標準答案，因此最有趣的事便是透過研究來顚覆既有的想法，看起來無聊但往往是最有創意，甚至還能解決生活上的小困境。

談起諾貝爾獎大概無人不知，尤其是自然科學方面的獲獎情形，往往代表的是那個國家的科技興盛與否。然而最近才異軍突起的「搞笑諾貝爾獎」（Ig Nobel Prizes）亦吸引不少人注意，當然兩者受到世人禮遇與得獎待遇是迥然不同的。其實搞笑諾貝爾的得獎研究並非胡爲亂來，只是你一看他們的研究題目，多半會不禁竊竊偷笑說：唉呦！怎麼有人研究這個？

譬如說，二〇一〇年搞笑諾貝爾生物學獎得獎者竟然是我的朋友，中國大陸華東師範大學張樹義教授的蝙蝠研究團隊，他們研究的對象是果蝠，一種以水果爲生而分布於熱帶的大蝙蝠品種，而研究題目是「果蝠的口交性行爲與交配時間長短關係」。在此得要事先聲明，這些研究成果皆是正正當當發表在國際學術期刊，博君一笑之後仍不禁讚佩，人類與生俱來的好奇心並不會隨年齡成長而衰退，再怎樣的不起眼的現象，也要想辦法找出問題，找出解決的辦法，找出彼此的關係。更得強調的是，這些研究成果絕非壞科學或僞科學，也不是迷信，更不是意識型態踐踏理智的產物。目前全世界學術期刊超過萬種以上，世界有名的出版社Elsevier就收藏近九百萬篇論文，且這些期刊所採用的匿名同儕審查制度（peer review），多少有助於這些研究成果發表的可靠性。如此一來，閱讀有趣的研究主題就如享受美好的下午茶，擁有如此閒情逸致。

從這個角度來看，羅傑．多布森（Roger Dobson）這本著作鐵定是下午茶時光伴讀的最好書籍，本書原名爲Boringology，中文若翻成「無聊學」亦可，不過「扒糞救地球」更是有味道些。作者舉出七十七個不可思議的研究計畫，期望改變我們對世界的看法，這麼說並非誇大其詞，而是奠基於有事實根據的高度可能性。譬如說，對一位肥胖的人，閱讀本書會讓你像洗三溫暖似地心情起伏不定，一下子說肥胖的人是好丈夫、給人感覺比較親切和善；下一個主題又說胖子容易被歧視，甚至胖子人數增加將導致溫室氣體的排放量增加。看樣子，從現在開始我必須嚴格執行減肥政策才行呢。

雖然，書裡收集的研究題目可說是包羅萬象，主要還是圍繞在人類複雜行爲的解析方面，其中最引人側目的研究主題不外乎雌雄兩性之間的性事，而這也是所有人類無法擺脱掉的研究興趣。即使這類問題並不算新穎特出，但其推陳換新的證據與見解常常令人振奮，譬如接吻的祕密、一夜情、男人尺寸、女性身材等等篇章，不僅研究者自得其樂，讀者也能心生共鳴。

至於各種動物的生活史，書中亦匯集許多有趣的研究主題：請想想看，義大利兩間著名大學Padova和Trieste的研究人員蹲在地上觀察烏龜翻身的動作，眞的是如俗話所説「吃飽沒事幹」嗎？細究之下我們就會知道，這樣的研究成果與大腦左右發育的解釋極有關連。讀過這篇文章，你不得不佩服這些好奇寶寶，因爲他們就是不在乎世人對他們的看法，堅持追根究底的研究精神。

從演化觀點來看，人類與其演化道路近親的靈長類相比，最大差異之處是我們有一顆大腦袋。靠著它，讓我們仍能在演化路途上飛奔向前，讓我們能夠常常歪著頭，冷眼打量，內心質問「爲什麼？爲什麼？爲什麼？」。

或許，做研究的趣味就是從此處萌芽。

〔序〕天馬行空的熱情

所謂的研究，就是在看到眾所周知的現象時，能夠產生他人未曾有過的新想法。

——艾伯特・森特・喬爾基（1893-1986）
匈牙利生化學家、一九三七年諾貝爾生理醫學獎得主

乍看之下，收集剪下的腳趾甲似乎毫無意義。同樣的，統計火車上的乘客一共打了幾次哈欠、從飛機上觀察甘藍菜生長、測量並比較北極熊的生殖器官大小，或者和企鵝說話等等的研究似乎都沒有什麼前瞻性。

然而，這些看起來不尋常、怪異、平庸、甚至無趣的研究卻有可能對我們產生深遠的影響。

舉例來說，研究尿液對小黃瓜的生長，可能有助於解決世界上的饑荒問題；分析頭皮屑可能有助於將罪犯繩之以法；而統計高爾夫球場上的蟲蟲數量，或許能造福成千上萬的高爾夫球玩家。

這一類的學術研究比較缺乏耀眼光彩，它們很少受到媒體青睞，也不曾獲得那些光鮮亮麗的學術榮耀。但是，這些最不起眼的問題仍然是許許多多科學家努力研究的目標。

有時候，這些研究的結果可以對人類產生重要的影響。例如，北極熊的生殖器官大小，或許可以用來當作全球暖化的量測指標？研究如何誘發鳥類的戀物癖，或許可以幫助我們治療人類在性方面的類似問題？測量女性胸部的擺盪幅度，或許可以爲眾多女性設計出更好的內衣？分析腳趾甲，或許可以用來預測心臟病的發生？

除此之外，有些科學家則致力於研究日常生活中的某個課題。例如：將蛋煮熟需要多久？敲開蛋殼需要使用多大的力？或者像是：四腳朝天的烏龜，需要多久才能翻過身來？

還有些科學家選擇了大多數人不願意研究的主題，例如像是：分析尿布的成分、使用過的汗衫味道，或是男性食用肉類之後的襯衫味道。

無論如何，這些科學研究的共同特色就是它們的背後都有著熱情。不管這些研究是否看似無趣、古怪，或者天馬行空，它們都是科學家們認爲值得投入時間與精力去研究的問題。

有時候科學家無法得到他們想要的答案。他們也可能終其一生都看不到自己的研究成果有什麼用處。還有的人得花上好幾個月，或甚至好幾年的時間，才發現自己走入了死胡同。

然而，總是要有人來完成這些研究，而且這一切的背後也都有著光明的一面，就像在實驗室流傳的一句老話：「每個實驗都證明了某件事。就算不能證明你原本想證明的那件事，那一定證明了另一件事。」

1

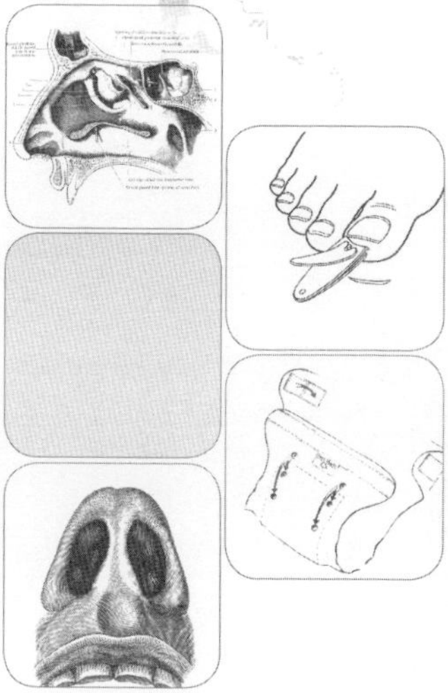

臭尿布、尿液、體味、聞臭師，十萬片腳趾甲

檢查髒尿布

將嬰兒尿布中的排泄物一匙一匙取出，檢查其中有什麼微生物，這或許不是世上最光彩的研究工作，卻可能非常重要。

對一般沒有受過訓練的人而言，這些排泄物只透露出嬰兒們曾經吃過哪些東西，但對於專業的研究人員來說，它們可是充滿價值的寶物。

我們或許可以看出嬰兒的眼睛像媽媽、頭髮像爸爸、鼻子像祖母，我接下來要講的這個研究，還可以讓我們知道嬰兒腸子裡的微生物從何而來。

這個訊息為什麼重要呢？原因就在於腸子裡的微生物和人的消化與疾病息息相關。這些微生物會幫助人體萃取出食物中的營養物質、維持免疫系統正常運作、並可以幫忙抵禦其他不良病菌的侵襲。

只要定期採取嬰兒一歲前的排泄物樣本，再加上父母親的排泄物樣本，研究人員就可以得知人類消化道的發展過程，並了解消化道中的微生物如何幫助我們消化食物、抵禦疾病、調節脂肪的儲存、甚至可以知道它們如何促進血管生長。目前所知道的消化道細菌超過四百種，而成人消化道中的細菌數量更是身體細胞總數的十倍之多。

這些不斷增生的微生物扮演著許多不同的功能，包括了幫助消化以及抵禦諸多有害健康的病原體等等。但究竟是哪一種微生物在扮演哪一種角色？它們發展的過程究竟爲何？目前我們仍然所知有限。

我們只知道的是，出生之前，胎兒的消化道是完全無菌的，然而在嬰兒出生後，他們的消化道就會迅速地被環境中的各種微生物占據，來源包括了產道、母親的乳房，甚至是兄弟姐妹或父母的撫觸。

短短幾天之內，就能完全建立一個繁茂的微生物族群。

霍華休斯醫學研究中心（Howard Hughes Medical Institute）與史丹佛大學的研究人員，已經開始著手對十四名喝母奶的嬰兒進行消化系統的演變追蹤。

剛出生以及一歲之前的某幾個固定時間，研究人員會利用一種湯匙般的工具，定期自小嬰兒的尿布中採取三百毫克的排泄物樣本。一年下來，每位嬰兒平均可供應二十六個樣本，另外，研究者也會收集一些父母提供的樣本。

透過對樣本的分析，研究人員就能夠觀察腸道內的細菌發展情況。

在這項研究中，帕瑪博士（Dr. Chana Palmer）與他的團隊在每個小嬰兒出生後的一年內，定期蒐集小嬰兒與其父母親的糞便樣本。接著，研究人員會把這些樣本的DNA，塗抹在布滿各種已知細菌DNA的玻璃片上。如果樣本的DNA排序跟玻璃片上的細菌DNA排序相符，它們就會緊密地結合在一起，並由電腦把結果紀錄下來。

在嬰兒的腸胃道中已發現數百種不同的細菌，而且每個嬰兒體內都有不同的細菌組合。研究中顯示，異卵雙胞胎的腸道細菌最爲相似，這意謂著遺傳與環境兩者共同決定腸道菌落的繁殖方式（這現象可以在實驗中被重複驗證）。到了一歲時，所有幼兒的腸道細菌幾乎都跟成人一樣。

帕瑪說道：「將近一世紀以前，人們就已經知道人體內有一個相當密集且多樣的微生物生態體系，但是直到現在，我們才開始了解並體會到這些微生物對人體健康與發展的多種功用。知道這個生態體系的組成方式，爲了解其功用邁出了關鍵性的一步。」

「無論你從哪個階段開始觀察幾乎沒什麼差別，因爲最後的結果都是一樣的。」她繼續說道，「有些細菌就是非常適合你的腸道，而且無論如何，它們都會贏得勝利。」

帕瑪表示，不管細菌群落是受到環境或遺傳的作用、或是兩者共同的影響，都還有待驗證，她還把這個過程比喻爲園藝：「最後長出來的不僅取決於播下什

▶ 肉食動物（例如人類）的消化系統沒有反芻功能，也沒有多個胃，變成雜食後就必須依靠腸胃道中的細菌協助消化，最有名的例子是大貓熊。為了幫助小嬰兒或成人建立合適的「腸道菌相」，市面上還有大量所謂統稱為「益生菌」（probiotics）商品，也就是主動在腸道中培養一堆細菌。不良的腸道菌相甚至會引發疫病，例如已證實幽門螺旋桿菌（Helicobacter pylori）會引發消化道潰瘍甚至癌症，並獲得二〇〇五年諾貝爾醫學獎肯定。

麼種籽，還要看是哪一類種籽最適合這片土壤與氣候。」

她補充說：「我們發現，每個嬰兒體內的微生物族群之組成方式與成長順序都有很大的差異，這就表示，健康菌落的定義其實比我們之前所認定的範圍都還要廣泛。」

研究人員表示，每一個個體內的微生物族群都擁有自己獨特的特質，未來的重要研究目標將包括：如何找出決定該特質的環境與遺傳因素、確認這些特質是否會影響健康、並且弄清楚這些影響是如何造成。

尿液如何讓世界免於饑荒

有一批種植在芬蘭偏遠地區的小黃瓜，並不是普通的農作物。讓它們成長的不是傳統的化學肥料或糞肥，而是好幾加侖的尿液。庫奧皮奧大學（University of Kuopio）的研究人員從幼稚園、咖啡店與一般住家收取尿液並進行分析，再用這些尿液來為小黃瓜施肥，然後觀察小黃瓜的生長情況與速度。

根據研究人員指出，尿液富含植物所需的營養。腎臟是人類主要的排泄器官，人類從食物中攝取營養，以供應新細胞增長或身體所需能量，而大部分沒有被人體利用的養分都會經過腎臟處理，變成尿液的一部分。

人類的尿液是一種含有多種物質的水性溶液，其中含有高度稀釋的營養成分。雖然尿液還有鉀、鈣、硫酸鹽、磷等成分，但其主要成分為氯化鈉與尿素。

在都市污水中，大約有五十％的磷是來自於尿液，而且根據印度卡耶尼大學

（University of Kalyani）的估計，每人每年所產生的尿液中，平均約有四．六公斤的氮、○．四公斤的磷以及一．一公斤的鉀。

尿素是人類尿液的主要成分之一，正好也是最重要的一種工業用氮肥。近幾年來，包括印度在內，有許多國家都設立了新的尿素——氨肥料工廠。

此項研究會選擇小黃瓜做為測試作物，是因爲世界各地都有種植小黃瓜，而且人們通常把它們做爲生食之用。由於小黃瓜一般都是拿來生吃，因此該項研究必須證明以尿液做肥料不會產生對人體有害的潛在污染，也不會對小黃瓜的味道產生不好的影響。

研究人員在溫室中播下一種由貝朱薩登公司（Bejo zaden）所研發的「亞當」品種小黃瓜，長出幼苗後，再移植到戶外農田中。其中，有些幼苗以尿液做爲肥料，其它則使用一般的無機肥料。

等到瓜的長度達十公分，研究人員就會將它們採收下來並且做比較。小黃瓜的味道則是由二十位受過專業品嚐訓練的男女共同評斷。

結果發現，兩組小黃瓜的生長情況都一樣，但是以尿液做肥料的小黃瓜其總收成量竟然比較高。

分析結果顯示，沒有任何一根小黃瓜含有不好的微生物，例如大腸菌（coliform）、腸球菌（enterococci）、噬大腸菌體（coliphage）與梭狀芽孢桿菌

⊙胡瓜：英名通稱cucumber，學名*Cucumis sativus*，為葫蘆科甜瓜屬的一年生蔓性植物，原生於印度，相傳是由張騫出使西域帶回中原地區，現已在世界各地普遍種植。其果實一般是長圓柱狀，兩端漸收，成熟後會呈黃色所以別名「黃瓜」，不過此時通常會含許多葫蘆素（Cucurbitacin）而變得太苦。台灣地區另有一常見栽培種為「小黃瓜」，就是所謂的花瓜，這是因為採收其嫩果時凋謝的花還附著在果端而得名。

（clostridia）等等；試吃的結果也顯示，人們並不會特別偏好哪一組小黃瓜，所有小黃瓜都被評定為品質好、風味佳。

研究人員說：「從這個結果可以明顯看出，新鮮尿液對小黃瓜來說是很有用的肥料，而且這些蔬菜可以用來生吃或是醃漬食用。只要營養成分恰當，尿液就可以完全取代商業肥料，因為用尿液來做肥料，其收成量跟使用普通的肥料一樣。」

研究人員表示，這項研究寓意深遠，對發展中國家更具有重大意義；他們指出，人類的尿液是一種天然資源，即使是最貧窮的社會也能取得。很多貧窮的社會買不起商業肥料，因此尿液這種便宜且容易取得的營養資源，或許能成為增加食物產量的好辦法。

研究人員說：「如果具有良好微生物學品質的人類尿液能用來生產植物，那麼數百萬生活在熱帶或亞熱帶地區的人們（包括窮人或孟加拉共和國那些所謂『赤貧中的赤貧』），就算在狹小的耕地、甚至用花盆種植，都可以增加各種可食用與不可食用植物的產量。」

上述說法有個重點，那就是任何想用尿液做肥料的人都必須注意到尿液的營養品質與數量是有差異的。研究者發現，尿液中的化學成分會隨著排尿時間、飲食、氣候、活動方式與體型而改變。

▶ 依建築法規，家庭水肥不能直接排放，住宅必須設置化糞池存放，讓細菌分解糞尿中的養分，減少固體物，再經沉澱排出。

他們也發現，由於熱帶的發展中國家飲用水數量有限，炎熱的氣候也較容易使人流汗，所以人們所排的尿也可能較爲濃縮。因爲，汗流得多就表示氮會從皮膚散失，相形之下，進入膀胱的氮就會減少。

澳大利亞永續未來研究院（Institute for Sustainable Futures）的米契爾博士（Dr. Cynthia Mitchell）表示，不久之後，人們會因爲尿液無比珍貴而捨不得沖掉，她說：「現在我們應該放下『一沖爲快』的心態，並正視糞尿回收所能夠產生的社會、環境與經濟利益。」

她指出，用來做肥料的磷礦正快速消耗，而尿液或許就是解決問題的答案。她說，雖然全球磷礦儲量頂多只能維持五十到一百年，但城市卻因爲下水道匯集的尿液而變成磷的產區。

不讓尿液研究人員專美於前，丹麥科技大學（Technical University of Denmark）的學者也一直在泰國南部研究人類糞便的成分，以及其肥料功效。他們計算了人們在不同飲食型態下的排便次數，結果發現，午餐吃咖哩的人平均一天可排便二．四次，喝豬肉湯的人一天則只排便一次。

此外，平均每人每日排泄量爲一百二十公克到四百公克，而且其中含有許多營養成分，研究人員說：「人體產生的各種排泄物（包括尿、汗、糞便等）當中存在多種養分，它們在糞便中的比例如下：七十五％的氮，五十％的銅，

人和家畜的糞尿肥原本就是重要的農業肥料來源，只不過走向大規模農耕模式之後，添加化學肥才好控制、管理、保持產能穩定，配上新品種作物和化學殺蟲劑，造成上個世紀中葉一股「綠色革命」的想像。這項研究的創新之處在於將糞、尿分開對待，單獨使用人類尿液為肥料；不過，在講究資訊透明的今日，標示「人尿為肥」的黃瓜不知是否能在市場上受到消費者喜愛。

四十%的磷、鉀、硫，二十%的鈣、鎂、鉛，另外還有不到十%的鋅、鎳、鎘以及汞。」

他們補充道：「人類糞便具有做爲肥料的潛力，我們應該把這項潛力轉變爲有價值的資源，而不是把它當成廢物。」

用糞便來做肥料的唯一壞處就是它除了營養素之外還含有毒素。由於有毒素存在，也就是說如果要使用尿液，就必須將尿液與糞便分開。目前瑞典已經有許多研究中心在測試可以將兩者分開的設備。

難聞的體臭

腋下的味道，或許可以用來打動男人心。

根據長期研究體味的研究人員表示，每個月的某些時候，女性的腋下會散發一種特殊、比平常更怡人的氣味，以吸引周遭的男性。

透過一些女性受試者的腋下味道樣本以及一組男性受試者，研究人員們首次向世人證明，在每個月的排卵期間，女性的體味跟平常不一樣，而且還會變得更有吸引力。

他們表示，由於荷爾蒙產生變化時體味也會跟著改變，因此從這項結果可以看出，女性的體味或許在不知不覺間傳達出了受孕期的訊號。

在研究中，科學家們記錄月經週期中腋下氣味所出現的變化，並觀察女性是否會發出受孕期的訊號。

有些靈長類動物中的雌性在排卵期間會改變行爲或出現身體上的變化。布拉格查爾斯大學（Charles University）的人類學家哈維契克（Jan Havlek）是這項研究的領導者，他說道：「傳統觀念中，一般都認爲人類女性的受孕期是隱密而不外顯的，但是很少有人去驗證這個假設是否正確。我們的研究顯示，男人或許可以藉由腋下的氣味測知目前或未來性伴侶的月經週期。」

首先，十二位女性把棉墊貼在腋下二十四小時，接著把這些棉墊分別放進密封的罐子中，再找四十二名年齡在十九到三十四歲之間的男性來做測試。過程中，這十二位女性被要求不得服用任何藥物、不能擦香水、體香劑、止汗劑、不能使用除毛後潤膚露與沐浴乳，同時也不能吃任何含有大蒜、洋蔥、辣椒、胡椒、醋、藍黴起司、甘藍菜、蘿蔔、經過發酵的乳製品或醃漬過的魚等等。另外，在腋下塞棉墊的這段期間不能發生性行爲，就連與伴侶同床共枕也不行。

男性測試者的評估結果顯示，吸引力與受孕期以及月經週期之間具有某些關聯性。經過評估，女性在濾泡期產生的體味最淡、最舒服也最誘人。

研究人員說：「我們的結果顯示，從氣味是否愉悅與誘人這兩方面來看，女性在月經期間產生的味道最不舒服也最不吸引人，而在懷孕機率最高的濾泡期，兩項的評分都達到最高。」

但是在氣味濃淡方面則出現相反的結果。女性的體味在月經期間最爲濃烈，在濾泡期則最淡。

研究人員表示：「學界首度證實腋下氣味可顯示出女性的受孕狀態。」

其他研究則顯示，同性戀者的喜好與異性戀男女不同；利物浦大學（University of Liverpool）的研究也發現，同卵雙胞胎不僅外形相似，連體味也一樣。

他們的研究也顯示，基因會對體味造成影響。研究人員表示，體味被視爲是一種擇偶的判別方法，動物可藉由體味選擇基因適合的配偶。

爲了驗證這個想法，他們對雙胞胎的體味進行研究：「我們發現，即使同卵雙胞沒有住在一起，氣味評測人員將兩者體味評鑑爲相同的機率仍然高於隨機值。從這些結果可以看出，基因對體味有著重大的影響。」

然而，體味或許不是受孕期的唯一訊號。有項研究發現，同樣一名女性，在濾泡期所拍攝的臉部照片，會比在黃體期拍攝的臉部照片更具有吸引力。

其他研究也顯示，排卵期並不像我們以前所認爲的那樣難以察知。科學家發現，女性的身材在每個月的排卵期間會變得比較勻稱，她們的腰臀比例會稍微小一點，皮膚也顯得較爲光亮。

另一項研究不是在實驗室裡進行，而是在迪斯可舞廳；結果發現，女性的穿著打扮也會隨著生理週期而有所不同。研究人員發現，已婚或有伴侶的女性如果在舞廳沒有另一半相陪，那麼在最容易受孕的期間，她們就會打扮得比較性感。

聞一聞襯衫上的味道

在男士們吃了肉之後聞一聞他們的味道，也算是人類學研究者的工作。結果顯示，吃過肉的男性其身上的氣味跟其他男性不一樣，而且這種味道不怎麼討人喜歡。

研究人員找來幾位自願的女性受試者，請她們分別嗅聞喜歡吃紅肉與不吃肉男性身上的味道，結果發現，不吃肉的男性其體味聞起來較舒服、誘人而且味道比較淡。

相形之下，這些女士們認爲肉食男腋下的味道比較濃重、強烈。

捷克查爾斯大學的人類學家表示：「這項研究的結果首次證實食用紅肉可能會對體味造成明顯的影響。」「我們認爲，除了基因的影響之外，會讓正常人產生不同體味的主要原因就是飲食習慣。」

我們知道每個人身上都有不同的氣味，影響體味的原因也很多，包括藥物、疾病一直到害怕的情緒以及荷爾蒙變化等。

在這項研究中，科學家把自願參與研究的男性分成兩組，其中一組連續吃肉兩個星期，另一組在這期間則不吃肉類。兩組的菜色除了一組有肉、另一組沒有肉之外，其他食物內容都一樣；此外，食肉組每天要吃兩百公克的肉，並分配在兩餐食用。

研究人員要求受試者使用無香味的香皀，同時避免激烈活動，不能發生性行爲，也不能與伴侶同床。爲期兩週的研究即將結束時，就請這些男士們在腋下貼棉墊達二十四小時。接著，研究人員收回上述棉墊，並將三十位女性請到一個通風良好的房間內，請她們聞一聞這些棉墊並分別給予一到七的分數。

研究人員說：「反覆測試之後的結果顯示，女士們認爲沒有吃肉的人體味較有吸引力、聞起來比較舒服，而且味道比較淡。這表示吃紅肉會讓身體散發令人不愉快的味道。」

他們表示，很難界定肉類飲食會對體味造成多久的影響，也無法確定要吃多少肉類才會影響身體的氣味。

此外，研究人員也無法得知哪一種肉類烹調方式會對體味造成影響；他們說：「根據目前的科技，我們只能猜測有哪些特定成分與代謝過程，會讓人們在吃肉之後改變體味。」

有一種理論認爲，人體代謝肉類脂肪的方法可能跟體味的形成有某些關連。

然而，根據蓋依暨聖湯瑪斯醫院（Guy's and St Thomas' Hospitals）的雙胞胎研究中心以及紐卡索大學（Newcastle University）的研究顯示，基因可能也跟體味有關。研究人員發現，基因會對體味產生重要的影響，它讓每個人都有屬於自己的味道。

在研究中，科學家請受試者在五種體味樣本中找出來自一對雙胞胎的兩個體味樣本，結果發現，人類的鼻子無法區分兩個體味樣本是出自同卵雙胞胎或來自同一個人。擁有相同基因的同卵雙胞胎跟只有五十%相同基因的異卵雙胞胎比起來，前者的體味相似度比後者高出許多。

這項發現在《化學感官》期刊（*Chemical Senses*）發表之後，也引發各界討論體味可否在法律上作爲嗅覺識別特徵的可能性。

聖湯瑪斯醫院雙胞胎研究中心的主任史派特教授（Tim Spector）說道：「這項研究結果更加證實了『基因是體味的重要影響因素』，另外，未來在討論『基因的相關發現是否能用來協助司法調查』與『非侵入性的診斷測驗』這兩項議題時，它也能提供有力的證據。說不定哪一天我們還能讓人們變得更好聞！」

剪下來的腳趾甲

十萬片收藏的老舊腳趾甲何時才能派上用場，沒人曉得。只有信心滿滿的研究人員，才有辦法預先看出這麼做到究竟有什麼意義，因為早在半世紀以前，他們就開始記錄並儲存六萬名女性所剪下的每一片腳趾甲。蒐集這些腳趾甲並加以記錄整理，究竟耗費研究人員多少精力，我們並不十分清楚；不過，如今總算明白，這些腳趾甲能揭露心臟病的長期風險。

哈佛大學的研究人員分析了六萬兩千名女性所剪下的腳趾甲。在過去二十五年間，這些女性當中有九百位後來罹患了心臟疾病，研究人員便將這九百名女性的腳趾甲與其餘仍維持健康的女性的腳趾甲做比較。

研究結果顯示，腳趾甲中的尼古丁含量與罹患心臟病的風險有關。尼古丁含量最高的女性，罹患心臟病的機率是其他人的三．四倍。而且尼古丁的含量每增加一單位，患病機率就會提高四十二％。研究人員表示：「女性腳趾甲的尼古丁含量可獨立於其他因素之外，用來預測她們罹患心臟病的機率，即使根據受試者的吸菸史做過調整，分析結果仍然具有統計上的顯著性。」

並不是只有哈佛大學的研究團隊剪下一大堆腳趾甲收藏。在另一項研究中，研究人員從十個歐洲國家（包括英國）找來將近一千位男性，結果發現，人體內一種天然化合物「鈰」（cerium）的含量高低，也會和心臟病發作的風險有關。這項研究顯示，腳趾甲中鈰含量高的人，心臟病發作機率是其他人的兩倍。

研究人員說：「我們的研究顯示，腳趾甲中的鈰含量可能跟心臟病發作機率有關，但是我們還需要更多的研究，以便能完全釐清這項發現的可信度，以及它對公共衛生的意義。」

腳趾甲的分析不只能用來檢查或預測心臟病，還能用在其他健康問題上。例如硒（selenium）這種具有抗氧化作用的微量元素，它的含量多寡就可以當作罹患前列腺癌的風險指標。

荷蘭馬斯垂克大學（Maastricht University）的研究人員分析了五萬八千名年齡介於五十五歲到六十九歲間的男性腳趾甲，並進行六年以上的追蹤檢測，結果發現，腳趾甲中硒含量最高者，罹患前列腺癌的機會比其他人低（實際上是第三低）。研究人員說：「研究結果證實，攝取較多的硒可能會降低罹患前列腺癌的風險。」

▶ 鈰（原子序58，原子量140.116，元素符號Ce）分類上為稀土族，鑭系元素。

▶ 硒（原子序34，原子量78.96，元素符號Se），為固體的非金屬。硒為必需的微量礦物質營養素，但其常見形態甲硒胺酸無法由人體合成，故飲食來源及地域將會決定體內的硒元素含量。硒缺乏可能會出現克山症（擴張性心肌病變）或溪山症（骨關節病變），並影響甲狀腺素代謝。

腳趾甲中的硒含量，或許也能用來檢測罹患子癇前症（preeclampsia）的風險；子癇前症（又稱妊娠毒血症）是婦女在懷孕期間所罹患的一種疾病，它的主要症狀是高血壓。英國牛津地區約翰瑞德克利夫醫院（John Radcliffe Hospital）進行的一項研究，研究人員找來五十三名患有子癇前症的孕婦以及五十三名健康的孕婦，蒐集她們生產前幾個月所剪下的腳趾甲。研究結果顯示，跟其他健康孕婦比起來，患子癇前症孕婦的腳趾甲當中，硒含量明顯偏低。跟其他人比起來，腳趾甲硒含量最低的婦女，罹患子癇前症的機會高了四點四倍。

根據日本鹿兒島大學（Kagoshima University）的研究，胃癌的風險也可以從腳趾甲中看出來。研究結果指出，腳趾甲中的鋅含量越高，罹患胃癌的機會就越低，對吸菸者而言更是明顯。

腳趾甲的分析也可用來檢測職業性疾病，例如某一項研究當中，研究人員在義大利建築工人的腳趾甲中發現二十五種以上的化合物。此外，它也可用來檢測吸毒的情況。

嗅得到的恐懼

科學家已經發現了恐懼的味道，而且這種味道還會傳染。

藉用恐怖電影和一些體味樣本，研究人員證明一個人所散發出來的恐懼氣味會影響其他人，讓他們的行為變得更小心、更精確並且更警敏。

研究人員表示：「這是第一項有關於人類發出之恐懼化學訊號如何影響行為的研究。在這之前，從來沒有任何證據能證明人類的化學訊號會導致立即的行為。」這個結果也發表在《化學感官》期刊中。

儘管我們已經知道動物（從海葵、蚯蚓、米諾魚、老鼠一直到鹿等等）能藉由體味來傳達害怕的感覺，但是，這種現象還是第一次在人類身上被證實。

研究顯示，恐怖的經歷會伴隨一連串神經化學的變化，其中有些變化可能就藏在汗水當中。研究人員認為，這些變化可能會對行為造成影響。

以動物來說，當牠們承受壓力時，身體就會釋出一些化學成分，這些化學成分就像是一種警告訊號，提醒同伴要提高警覺，此外它也能引發免疫系統的變化。

在研究中，研究人員請男女受試者各填寫一份問卷，上面列有五十部熱門電影，並詳細描述每一部電影所表達的情感。接著，每位受試者要回答他們對這些電影有什麼感覺，回答完之後，研究人員就讓受試者看幾部恐怖片或非恐怖片，每部影片各有二十分鐘的片段。

每個片段結束後，受試者要描述他們的感受，不論他們覺得悲傷、憤怒、焦慮、害怕、噁心或是沒有什麼特別的感覺。當受試者在描述時，他們的心跳率與其他資料也同時被記錄下來。

在實驗過程中，受試者的一舉一動都被隱藏式攝影機拍攝下來，他們的腋下也貼上一塊棉墊，用來吸收身體所發出的任何化學成分。等到實驗結束時，研究人員就把這些棉墊取下並儲存起來。

實驗的第二個階段，研究人員找來五十位受試者，並將前面蒐集好的這些棉墊覆在受試者的口鼻之間。接著，受試者要先評估這些氣味的濃郁與舒服的程度，接著再以詞句來形容他們對該氣味的聯想。

研究人員根據受試者提供的形容詞進行評量與記錄，並且與他們所聞到的棉墊互相對照。這些棉墊共分成三個不同的類別，一種是來自於看完電影後感到恐懼的人，一種是來自感到滿足的人，另一種則是沒有汗水的棉墊或是對照組。

研究結果顯示，將每一位受試者所完成的詞句測驗互相比較，聞到其他人恐懼氣味的受試者在用字遣詞上顯得更謹慎、更精確。

這個來自美國萊斯大學（Rice University）研究團隊，已經將各項可能引發偏見的原因都排除在外，包括焦慮所引起的個別差異、受試者的詞彙能力與棉墊氣味的品質等。

研究人員表示，這個作用會讓人們提高警覺，他們說：「我們測試了恐懼化學訊號對認知與注意力的影響，證實恐懼會提高人們的注意力與警覺性。整體說來，我們發現處於恐懼化學訊號情況下的受試者，其行動往往會減緩並且變得更精確。」

「研究結果顯示，人類發出的恐懼化學訊號會加強接收者在認知方面的表現。而那些處於恐懼情況下的人，其行爲就好像是他們想要努力避免發生錯誤一樣。這種可以習得的相關性，將可以讓人們保持警覺。」

2

接吻的祕密、速食店、爬樓梯、打哈欠，以及人們說「對不起」的次數

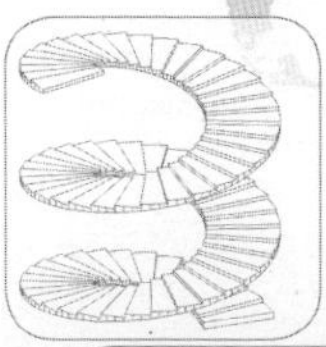

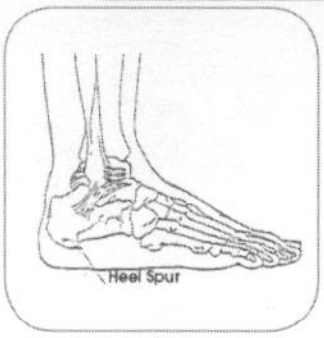

速食店

計算速食店的數量似乎不是一般常見的普通工作，但是它對國民的健康可能具有重要涵義。

這麼說是因爲研究人員已經發現，同一個國家中，貧困地區所擁有的速食店數目是富裕地區的五倍。有三分之一的速食店開設在最貧窮的地區，此外，這些地區的肥胖率以及其他與飲食相關健康問題的發生率也是全國之冠。

根據研究人員表示，目前在英格蘭與蘇格蘭地區共有兩千五百間以上的速食連鎖店，而且這些店家全部由麥當勞、漢堡王、肯德基以及必勝客這四大速食體系包辦。

這項研究是由位於格拉斯哥（Glasgow）的英國醫學研究委員會所屬之社會與公共衛生科學中心（Medical Research Council's Social & Public Health Sciences Unit）與倫敦大學瑪莉皇后學院（Queen Mary College, University of London）共

同進行。研究結果顯示，越貧困的地區，其商店數量也越多。

研究人員說：「貧困地區的居民可說是處於雙重弱勢的一群人。他們不但要努力對抗低收入，還要犧牲健康飲食的機會。」「我們的研究結果顯示，在英格蘭與蘇格蘭地區，導致肥胖並危害健康的因素通常都集中在一些較爲貧苦的區域。這或許可以部份解釋體重過重與肥胖問題爲何會產生地理上的差異，以及爲什麼貧困地區會有較高的肥胖率。」

這些地區的肥胖率不但高、而且還不斷攀升，一些與肥胖有關的疾病也因此增加，包括第二型糖尿病、心臟病與高血壓等。

研究顯示，肥胖、體重過重和當地的貧苦程度有所關聯，即使將社會階級、收入、年齡以及性別等因素考慮在內，結論也一樣。

研究人員說：「結果顯示，住在貧困社區的人比較有機會受到某些因素的影響，並因此產生體重過重的問題。吃速食與體重過重特別有關，有些人也認爲貧困地區有比較多的速食店以及其他以低價販售高能量、高脂肪食物的商店，這或許是爲什麼這些地區會出現較多肥胖人口的部份原因。」

在這項研究中，研究人員到許多地區調查四大速食業者的分店情況、該地區的貧困程度以及人口數。接著計算出速食店與人口的比例。

他們把地區的貧困或富裕程度分爲五級，結果顯示，四大速食業者中，每一

⊙ 世界衛生組織（WHO）依發病原因將糖尿病（Diabetes mellitus）區分為第一型、第二型、續發型以及妊娠期四類。第二型糖尿病又稱為「非胰島素依賴型糖尿病」，好發於成年人，尤其是肥胖症患者。此型的病因包括：胰島素抵抗，使得身體無法利用胰島素調節醣的代謝；胰島素分泌減少，不敷身體所需。

家業者的分店都大量集中在第五級地區，也就是最貧困的區域。共有八百四十五家商店位於最貧窮的地區，相形之下，最富裕的地區只有一百八十八家商店。

當研究人員在計算每一千人對應到幾家速食店時，最貧窮地區的速食店數量是最富裕地區的五倍。

根據研究報告指出，肯德基在英格蘭最富裕地區的分店數最少，但是在最貧窮地區的分店數則最多。在相同的人口數之下，肯德基在貧窮地區的分店數是富裕地區的十倍。麥當勞與必勝客在貧窮地區的分店數是富裕地區的四倍，漢堡王則是三倍。

研究人員表示：「過去有幾件研究發現，較貧困的地區有較多的速食連鎖店，它們假設速食店的數量或許可用來判斷一個地區的食物環境品質。我們的研究更加證實了這一點。」

然而，我們還不清楚爲什麼富裕與貧窮地區會出現這樣的差異，卡明思（Steven Cummins）說：「我們的研究發現，速食店數量與貧窮程度呈現線性相關。換句話說，越貧窮的地區就會出現越多的速食店。」

「這其中可能還牽涉到許多因素。例如，貧窮地區或許比較符合這些公司的商業利益，因爲該地區對速食的需求可能比較高、地價可能比較便宜等等。」

數一數樓梯有幾階

「不搭電梯，改爬樓梯」可明顯降低不好的膽固醇、增加耗氧量並減少心臟病發生的機率。

幾位年輕女性參加了一項爬樓梯運動，而且飲食或生活型態都沒有改變；八個星期後，她們發現這項運動爲健康帶來很大的好處。

這幾位女性都是從事需要久坐的工作，在參加爬樓梯運動前也還算健康，八週之後，她們的身體耗氧量提高了二十%。

歐斯特大學（University of Ulster）與女王大學（Queen's University）所進行的這項研究中，女性受試者參與的運動計畫是要一天爬樓梯好幾次，以測試這項運動對心肺功能與膽固醇含量會有什麼影響。

這項爬樓梯運動是在一座有一百九十九個階梯的公用樓梯進行，剛開始，受試者每天要往上爬一趟、每週五次。研究人員要求受試者一分鐘要爬九十個階梯，每次爬完整座樓梯大約需要兩分鐘左右。

到最後，這些女性受試者每天要爬五次樓梯，每週五天。此外，在研究開始之前，受試者都同意在實驗期間不會改變飲食與生活型態。

研究結果顯示，與另外一組沒有參加爬樓梯運動的年輕女性相比，有爬樓梯的受試者其耗氧量增加了十七．一%，壞膽固醇含量降低了七．七%。但是她們的總膽固醇則沒有改變。

最大耗氧量是一項很重要的指標，因爲它代表人體爲了產生最大能量所能夠消耗的氧氣量。你消耗的氧氣越多，你的身體就會產生越多的精力、力氣或是動作速度越快。

研究人員表示：「這項研究結果證實，對於原本總是久坐辦公室的年輕女性來說，一天當中多次短暫的爬樓梯活動，其加總效果能夠改善重要的心血管疾病危險因子。此外，這項運動可以輕鬆地在工作日進行，因此應該被列爲公共衛生方針的推動對象。」

根據愛丁堡大學（University of Edinburgh）的研究人員表示，每天爬爬樓梯不但不用花錢，每分鐘所消耗的熱量也比慢跑還要多，而且從結果看來，它對健康還有很多重要的好處。他們說：「研究結果顯示，只要每天爬樓梯七分鐘，冠狀動脈心臟病死亡的風險就可以少掉六十二%，心臟病發作的機率也會減少一半。」

▶膽固醇：化學式$C_{27}H_{46}O$，廣泛存在動物細胞中，並且是維持生命機能所必需。膽固醇不溶於水，必須與脂蛋白結合才能透過血液運送到身體各處，這些脂蛋白又可分為低密度脂蛋白（LDL）以及高密度脂蛋白（HDL），若血漿中的膽固醇含量超過身體所需，LDL就會氧化而被巨噬細胞吞食，繼而沉積在血管壁上形成「動脈粥樣斑塊」（atheroma plaque）阻礙血流甚至形成血栓，因此LDL又被稱為「壞膽固醇」，其血中濃度已成為心血管疾病的重要指標。

接吻的祕密

當你轉過臉頰跟情人親吻時，可能沒想到這些親吻中藏了許多祕密。

學者花了很多時間來觀察人們親吻時的情況，發現不論是慣用哪隻手，十個人當中有八個人會在親吻時把頭轉向右邊。

研究人員在公共場所觀察了許多對情侶，也找來一些受試者親吻人型玩偶，他們發現，不論男女，在親吻時對準對方左邊臉頰的人比對準右邊臉頰的人多了四倍。

這其中的原因尚不清楚，但是有兩種理論可以解釋這個現象。第一種理論是說，人類幾乎自胚胎時期開始，做任何動作都習慣偏向右邊；第二個理論則是認爲，當你的頭偏向右邊時，左邊臉頰就會露出來，而左臉頰又跟掌管情緒的右大腦有關。

帶領團隊進行這項研究的是英國貝爾法斯特（Belfast）斯卻萊米爾

斯學院（Stranmillis University College）的科學主任格林伍德博士（Julian Greenwood），據他表示：「針對這個現象，有人提出一項理論，那就是當人把頭傾向右邊時，就會露出左邊臉頰，而左臉頰是由掌管情感的右腦所控制。」

在親吻時，雖然我們可能會注意到各種不同的親吻文化與行爲，但是沒有人會停下來想想自己到底要如何親吻，例如「我要親嘴唇還是臉頰？」，或是「我要把頭轉向右邊還是左邊？」恰恰相反，雖然親吻方式跟當下的情況有關，例如朋友之間會親吻臉頰、夫妻與情侶會親吻嘴唇，但親吻這個動作乃是一種不需多作思考的自發行爲。

在這項研究中，科學家觀察了情侶與夫妻之間的親吻情況。當他們在對方臉頰或嘴唇上輕輕一吻時，科學家就會記錄他們的頭是明顯轉向右邊或左邊。如果他們親吻很多下，科學家只會把第一次的情況記錄下來。

在第二階段的實驗中，研究人員找來兩百四十個受試者，請他們站在大型洋娃娃（尺寸大約是眞人的三分之二左右）面前，並且親吻這些洋娃娃的臉頰或嘴唇。結果顯示，有八十%的受試者會將頭轉向右邊。

格林伍德博士說：「這項研究結果顯示，大多數人在親吻時都把頭轉向右邊，而且不論是親吻人或親吻洋娃娃都一樣。」

我們還不知道其中的原因，然而正如之前所提到的，科學家對這個現象持有兩種不同看法。動作理論派的科學家認爲人們天生就習慣把頭轉向右邊，但是情感理論派則認爲，這完全是因爲露出左臉頰能展現出較多的情緒面。

格林伍德博士表示：「很明顯的，大多數人之所以會把頭轉向右邊，一定是某種行爲偏好造成的。但是，這個行爲偏好是否被親吻時的情緒所影響呢？」

他提到，在親吻洋娃娃的實驗中，有很高比例的人都把頭轉向右邊：「在情侶間的親吻或是親洋娃娃這兩種情況中，實驗的結果並沒有什麼差別，由此可見動作理論比情感理論更能解釋這項親吻行爲。」

但是在另一項擺姿勢拍照的研究中，研究人員要求受試者擺好姿勢、準備拍一幅具有感情的家族照片或是一張不帶任何感情的普通照片，結果發現，當受試者爲家族照擺姿勢時通常會把左臉頰轉向鏡頭，但是在拍攝不帶感情的普通照片時則會露出右臉頰。

澳洲新英格蘭大學（University of New England）研究腦部不對稱功能與行爲的專家羅傑斯教授（Lesley Rogers）說道：「當人們把臉轉向右邊時，左邊的臉就會顯露出來，而左臉是由掌管強烈情感的右大腦所控制。」

紐約州立大學亞伯尼分校（University at Albany）的研究人員也曾經對親吻做過研究，他們發現，在一千零四十一位大學生中，只有五個人從來沒有體驗過浪漫的親吻，有超過兩百位學生曾親吻過二十個以上的伴侶。

根據這項研究顯示，各種不同的人類文化中，有親密關係或浪漫感覺的伴侶會互相親吻的機率超過九成，這種情況跟黑猩猩一樣。

研究人員說：「雖然親吻是人類常見的一種行爲，但卻很少有科學家試著去找出親吻行爲的重要性。」他們的研究發現，親吻時所傳達出的訊息，會對戀愛關係產生深刻的影響。研究結果顯示，許多大學生發現自己與心儀對象第一次接吻之後，就對對方失去興趣了。

研究人員說：「換句話說，當兩個人墜入情網時，親吻，尤其是第一個吻，可能會讓一段羅曼史宣告結束。親吻是求偶儀式所發展出來的一部分。當兩個人接吻時，彼此之間會交流一種濃烈、複雜的資訊，裡面還摻雜著化學、觸覺與身體狀態等訊息。這些訊息可能會激發人類具有的一些擇偶機制，幫助我們辨識並篩選出那些基因不適合的個體。」

這項研究也發現，親吻所代表的重要性與類型是男女有別的。男性通常將接吻視爲達到目的的一種方法，例如獲得進一步的性關係或是與對方和好，然而女性會藉由接吻來建立並檢視她們的戀愛關係，並且衡量對方是不是眞心。

研究發現，女性比男性更在意發生性關係之前的吻，男性則比較喜歡一開始就張嘴舌吻。研究人員表示，其中一個原因是因爲男性的唾液含有一種稱爲睪固酮的男性荷爾蒙，這種賀爾蒙會影響性慾。

越位的次數

研究人員終於找到足球迷長久以來一直懷疑的事實，那就是：邊線裁判常常判斷錯誤。

根據學者表示，幾乎每四次越位判定中就有一次是判斷錯誤，在比賽的第一個十五分鐘內，幾乎有四十％的越位判定都是錯的。

學者認爲，這些錯誤的判決可能是因爲裁判看錯、或是一種稱爲「閃光滯後作用」（flash-lag effect）的運動錯覺，在這種錯覺中，快速移動中的物體看起來會在其眞正位置的前方，而且其中的差距最遠可能達到一公尺之多。

學者表示，「有鑑於判斷越位時常會發生錯誤，我們應該要考慮是否有其他方法可以提高越位判定的準確度。隨著全球的轉播，球賽的收入也跟著增加，因此比賽官方對裁判的判決會非常謹愼，尤其是當錯誤的決定會直接影響比賽結果時，他們往往會審查得更仔細。」

然而直到現在，仍然少有研究者嘗試要檢驗球賽主辦單位判定越位時的正確性，以及可能影響判決的各項因素。

在這項由國際足球組織聯盟（FIFA）贊助部份經費的研究當中，學者們分析了二〇〇二年世界盃足球賽的每一場比賽。他們煞費苦心把比賽的錄影帶轉成數位影像，並且仔細地記錄並分析每一項越位判定以及球員、邊線裁判或助理邊線裁判的位置。

研究結果顯示，在所有比賽中共有三百三十七個越位判定，平均每一場比賽大約只有五次。但是邊線裁判判決錯誤的機率高達二十六・二%。大多數的錯誤都是因為沒有越位卻錯舉了旗子，而不是在眞正越位時沒有舉旗。在十次錯誤中幾乎有九次都是明明沒有越位卻判定犯規。

研究人員表示，這算是相當高的錯誤率，並且指出在這屆賽事中，由於越位判定的錯誤，造成五次的合法得分被取消、兩次違規得分，還搞砸了四次的得分機會。

比利時魯汶大學（Katholieke Universiteit Leuven）的研究人員發現，在球賽開始的前十五分鐘期間，越位判定的錯誤率最高，為三十八・五%。第二高的是下半場的前十五分鐘，為二十九%。

研究人員說：「邊線裁判似乎需要一些時間，才能習慣哪些動作是攻守雙方在越位線附近的正常舉動。」

他們表示，所有證據都顯示邊線裁判是被所謂的「閃光滯後作用」所影響。當防守方的球員跟攻擊方球員跑相反方向時，邊線裁判就更容易受到這項作用的影響，因爲從邊線裁判看來，攻擊方球員的位置比他們實際的位置還要更前面。

雖然這項研究證實球迷是對的，但是研究人員也證明另一個傳言實屬子虛烏有。他們發現，雖然場中的球員常常也會自己舉起手來試圖影響裁判，但是裁判其實並不會受到球員的影響。結果顯示，無論越位的判決是否正確，試圖影響裁判而舉手的球員人數都一樣多。

做家事的時間

英國夫妻每天花在家事上的時間超過兩小時。

一項針對三十四個國家所做的研究顯示，英國夫妻平均每星期用去十九個小時做家事。

在這三十四個國家中，英國夫妻排在倒數第五位；這和排名最高的智利夫妻（他們平均每星期花四十七小時來做家事）、愛爾蘭夫妻（每星期花四十小時）與德國夫妻（三十小時）一比眞是相形見絀。

根據這項研究，英國婦女仍然負責七十一％的家事，但是英國男性每天做家事的時間不超過一個小時，這是俄羅斯男性所花時間的二分之一。

這項發表於《歐洲社會評論》（*European Sociological Review*）的研究發現，女性在家事上所花的時間會隨著她們的社會地位而改變，男性做家事的時間則與他們的財富有關。

在外面有工作的女性做家事的時間也會減少，男性則是越有錢越少做家事。

挪威史達溫格大學（University of Stavanger）與卑爾根（Bergen）社會學研究院（Institute of Sociology）的研究人員表示：「我們認爲，女性在社會上的地位對其家務負擔影響較大，而男性的家務負擔則與他們的經濟情況有關。」

這項家事調查的對象超過一萬七千人、分別來自三十四個不同國家，這些人被問到他們與配偶每星期花多少時間來做家事，但不包括照顧小孩的時間。

研究結果顯示，法國夫妻每星期花在家事上的時間最少，只有十五．九小時，接著是挪威（十六小時）、芬蘭（十七．八小時）以及英國（十九．四小時）。智利夫妻每星期花四十七．六小時，是三十四個國家中最高的，接下來分別是巴西（四十三．六小時）、墨西哥（四十三．一小時）、愛爾蘭（四十．三小時）與俄羅斯（三十八．四小時）。

這項結果也顯示，智利女性每星期花最多時間在家務上（三十八小時）；挪威女性最少，爲十一．六七小時。在男性方面，俄羅斯男性每星期花在家事上的時間最多，爲十三小時；日本男性最少，每周只有二．五小時或每天大約二十分鐘。

研究人員說：「在日本家庭中，丈夫幾乎不做家事，相較之下，菲律賓、俄羅斯與墨西哥男性做的家事就比較多。」

依據主計處所編「台灣地區社會發展趨勢調查」（2004），國內有配偶或同居關係中的男性平日花費1.6小時做家事，女性則用去3.5小時，等於是每週平均共要用去35.7小時。

在日本，由於男性幾乎不做家事，使得日本女性的家務負擔最爲沉重，高達九十一%。在男女地位最平等的國家，例如拉脫維亞、波蘭與菲律賓，男性分擔最多家務，有三十六%的家事落在他們身上。

研究報告也補充說：「太太的收入如果比先生高、或是工作比較忙，那麼她們花在家事上的時間就會比先生少。在男女平權的社會中，女性做家事的時間也會相對較少。」

說「對不起」的次數

「道歉」是中產階級做的事。中產階級的平均道歉次數是勞工階級的兩倍；而二十五歲以上男性說對不起的次數比其他人還要多。

根據研究指出，位高權重的人也常常道歉，因爲這樣感覺起來形象比較好，還能得到部屬認同，但同時又凸顯出誰才是眞正的老大。

根據研究，英國人平均每天道歉五次，然而對某些人來說，在日常生活中幾乎每講一百五十個字就會夾雜一個道歉的字眼。

研究人員表示，從結果看來，英國人的道歉與社會階級有關。這項研究的領導者杜許曼博士（Mats Deutschmann）說：「從一個人是否常常道歉，就可以明顯看出他的社會階層。我們發現勞動階級確實會道歉，但是在類似的情況下，他們道歉的次數比中產階級少。在英國，『道歉』或許可以顯示出你的社會地位。」

在研究中，研究人員錄下英國四千七百位男女老少的日常對話，並仔細分析其中一千七百位說話者。在這些錄音帶中，至少錄有兩天在工作場所與家中的所有對話，研究人員紀錄的關鍵字包括「恐怕」、「道歉」、「陪罪」、「不好意思」、「原諒」、「饒恕」、「抱歉」、「遺憾」以及「對不起」。接著，研究人員會根據說話者的年齡、性別與社會地位來分析他們的對話，並找出其中是否有什麼差異。

結果顯示，道歉次數的多寡與說話者的社會地位與年齡有很大關係。整體來說，中產階級的人每說十萬字就有九十三次道歉的字眼，相較之下，勞動階層只說四十二次對不起。

年齡在三十四到四十四歲之間的中產階級男性道歉的次數最多，每十萬字中就有一百二十五次對不起；四十五歲以上的勞動階級男性最不常道歉，每十萬字中只有三十二次抱歉。

在中產階級中，男性也比女性更常說對不起。四十五歲以上的中產階級男性在每十萬字中有七十六個道歉字眼，相形之下，同樣年紀的中產階級女性每十萬字中只有四十五個對不起。在勞動階級中，女性道歉的次數稍微比男性多一點。研究結果也顯示，整體來看，人們道歉的次數會隨著年齡增加而減少。

這項研究結果也顯示，女性在正式場合的道歉次數會增多，相反的，男性反而比較常在非正式的場合說抱歉（sorry）（這也是常用來道歉的字眼）。

四十五歲以上的人比較常以輕鬆的態度說對不起，然而中產階級的人較常表達「誠摯」的道歉。此外，女性較常因爲一些「小意外」而說對不起，研究人員表示可能是因爲兩性在家中扮演的角色不同而產生的結果。另一方面，男性比較常因爲在工作場所或社交場合失態而道歉。

中瑞典大學（Mid Sweden University）的杜許曼博士說：「這項分析結果指出，在英國，不同的社會階級有不同的禮節規範。中產階級比較常因爲違反社交禮儀而道歉，例如『欠缺考慮』而冒犯他人；當彼此之間因爲誤解而產生爭執時，中產階級也比較願意道歉。」

另一方面，勞動階級則常常爲了「在社交場合失態」而道歉，尤其是較爲嚴重的失禮，像是打嗝等等。

「社會地位較低的族群，例如女性與年輕人冒犯了他人時，他們通常會採用一些方式來表示自己願意承擔冒失行爲的責任。另一方面，高社會地位的族群（男性與年長者）則往往會試圖撇清責任。」

我們還不清楚爲什麼中產階級與位高權重的男性會常常道歉，但是有幾個理論可以用來解釋這種現象。

「對社會地位較高或權貴者來說，『道歉』可以讓他們在部屬或權力較低下的人面前維持一個正面形象。雖然一般來說，都是社會地位較低的人會以『禮貌的表現』來向地位高的人表示尊敬，但是現在後者也已經學會了利用禮貌的行爲來拉近他們與前者的距離或表達善意。」

「我們可以說，跟地位較低的人相比，位高權重者比較會做出『不經意的道歉』，這是他們保持正面形象的一種重要方法。」

「然而，這種平等其實只是一種假象。在跨國企業、政治圈或公營部門中，特權階級才是眞正的掌權者。面對地位較低的人時，有權者會藉由一種看似『謙遜』的態度來拉近虛假理想與現實事務之間的距離，而『上對下的禮貌』就是其中一種表現方式。當這種修辭學變成常規之後，『上對下的禮貌』就似非而是地成爲某種代表權力的說話方式，以及展現權力的一種工具。」

「我們幾乎可以說，在公開場合說一些客套話，可以讓聽眾、甚至在場所有人都認爲這是一個『可尊敬的人』。」

「研究結果顯示，在英國，不同的社會階級會做出不同的道歉行爲。一個人所選擇或是迴避的禮儀規範，乃是顯示其社會階層的一種重要訊號。」

研究人員又說：「粗略估算，每人每天大概會說四到五次『對不起』。進一步分析之後，我們發現英國人每說十萬字就會道歉七十次左右。在日常對話中，平均每句話大概包含了十個字，換句話說，平均每一千句話中就有七句是在道歉。」

火車乘客打哈欠的次數

在所有打哈欠的相關研究中，有個問題一直懸而未決，那就是：男性是否比女性更常打哈欠？

有關靈長類動物打哈欠次數的研究報告已經出爐，結果指出，雄性比雌性更常打哈欠。關於這一點，有一種理論認爲，雄性靈長類動物打哈欠乃是象徵著支配權力與潛在侵略性。

這項理論的依據在於，所有雄性靈長類動物的犬齒都比較長。由於靈長類動物打架時，最嚴重的傷害通常就是咬傷，因此打哈欠或許是一種將牙齒展現給敵人看的示威方法。但是，在男性與女性牙齒差異並不大的情況下，我們眞的可以用這個理論來解釋人類打哈欠的情況嗎？

當我們在媽媽子宮裡長到十一週大時就開始打哈欠了；一個哈欠平均會持續六秒鐘左右；當我們覺得無聊時，一分鐘最多可打三．四個哈欠；此外，打哈欠還具有高度的傳染性。然而，關於打哈欠的諸多問題（包括它在演化上的目的），我們仍然不太了解。

義大利羅馬大學（Universita di Roma）所做的一項研究當中，科學家開始測試打哈欠的六種差異是否跟犬齒的尺寸有關。進一步的目標是要了解人類在自然情況下會打幾次哈欠。

研究人員表示：「我們必須先詳細地描述人類的自發行爲，才能完全了解它的成因與功能。」

這項研究中，研究人員在羅馬B線地鐵記錄來往行人打哈欠的次數。他們之所以選擇B線地鐵，其中一個原因是由於B線地鐵的車廂窗戶不能打開，因此乘客彼此對看是很正常的事。另一個原因就是地鐵乘客通常互不相識，因此他們會很自然地做出一些「護權行爲」（assertive behavior），包括打哈欠在內（如果我們都同意它是一種護權的象徵）。

觀察人員總共花了十二個月的時間，觀察了九十四趟地鐵行程，每一次大約記錄十五分鐘。在每一趟行程的開始與結束，觀察人員會計算車廂內共有幾位男性與女性乘客，並計算他們打哈欠的次數。

因爲要進行研究，研究人員將「打哈欠」簡單地定義爲：「打哈欠是嘴巴的一種開闔動作，打哈欠時會長長地吸一口氣，再以稍快的速度將氣吐出。」

「護權行為」指的是明白而公開表達個人主張、情緒、想法、需求，但在此同時仍能顧及其他人的權益。在人際互動情境中，這是種較佳的行為模式；其他行為模式例如像是「攻擊行為」很容易會傷害別人，而消極或是逃避行為則先傷害行動者本身。

同時，觀察人員也必須區分出兩種不同的哈欠型態，一種是毫無遮掩的哈欠，另一種則是用手稍微遮一下或完全遮住嘴巴、或是以半閉嘴巴的方式勉強打個哈欠。

觀察人員共記錄了兩百二十一位乘客以及他們所打的兩百六十七個哈欠；結果顯示，男性與女性在打哈欠時沒有什麼明顯的差異，研究人員說：「從記錄資料來看，人類跟其他幾種靈長類動物不同的地方，在於成年男性與女性打哈欠的次數都差不多。」

然而，這項研究也發現男性在打哈欠時比較不常遮掩，這顯示打哈欠是一種護權行爲。有四十九．二%的男性與三十二．六%的女性在打哈欠時沒有用手遮，由此看來，打哈欠似乎已經演化成了一種偏屬於男性的展示動作。

研究人員表示：「因此，這種示威性的哈欠較常出現在男性身上。儘管男性與女性在犬齒的尺寸或打哈欠的次數上都沒有什麼差異，但是男性似乎比較常做出護權行爲。」

研究人員也承認除了這個理論之外，當然還有別的解釋：「我們也可以說，女人比男人更有禮貌。」

穿高跟鞋的好處

穿高跟鞋說不定是很健康的。

醫生發現，足蹬高達七公分高跟鞋的女性可能擁有比較健康的骨盆肌肉，而且比較不會發生一般常見的骨盆與下背部疼痛。

一項以六十六位女性爲對象的研究顯示，高跟鞋可以增加足部的角度，對骨盆肌肉有好處。

義大利維洛納大學（University of Verona）的泌尿科醫生表示：「穿高跟鞋有助於骨盆腔底部肌肉舒展，進而減輕該部位的疼痛狀況。」

長久以來，人們普遍認爲高跟鞋與許多健康問題有關，包括像是：雞眼與長繭、槌狀趾（hammer toe）、拇趾外翻、腳趾甲問題、應力性骨折、關節痛、阿基里斯腱萎縮、足踝發炎以及神經組織異常增生等等。

但是現在，義大利的研究人員認爲他們已經找到高跟鞋對健康的第一項好處。

這項發表於醫學期刊《歐洲泌尿科學》（*European Urology*）的研究中，醫生以五十歲以下女性爲研究對象，測量足部的角度如何影響骨盆肌肉的電流活動。

研究人員利用一種稱爲肌電圖（Electromyography，簡稱EMG）的生物回饋儀器，將電極貼在受試者皮膚上，分別測試在五度、十度與十五度的足部角度下，骨盆底肌肉的活動情況會有什麼改變。結果顯示，當足部角度爲十五度時，骨盆肌肉的電流活動降低了二十％左右。

十五度角，相當於穿上七公分的高跟鞋。

研究人員相信，穿高跟鞋來提高腳踝高度，會增加骨盆的角度並加強骨盆肌肉的收縮能力，進而減輕骨盆腔疼痛。

他們表示：「爲了證實不同的腳踝角度可能會影響骨盆底部的肌肉活動，於是我們在兩年前開始計畫並進行這項研究。初步的研究結果似乎證實了一開始的假設。」

「穿高跟鞋能讓骨盆肌肉放鬆，爲健康帶來好處，並有助於減輕長期的骨盆腔疼痛。初步的研究結果可以發現，穿三到七公分高的高跟鞋能減少腳踝的負擔，並有助於骨盆肌肉的活動。穿了高跟鞋之後的站姿能讓骨盆後傾，並減輕骨盆底部肌肉的緊繃狀態，進而放鬆骨盆肌肉。」

3

觀察螞蟻、計算蚯蚓的數量、聽聽狗叫聲，以及狒狒的叫聲

看螞蟻如何找到回家的路

螞蟻會到離家很遠的地方找尋食物。以切葉蟻（Leafcutter ant）爲例，牠們最遠會到離家四分之一英哩（約四百公尺）的地方找尋食物，而且牠們通常在晚上或天色陰暗的時候才會出來活動。

在夜晚找尋食物意謂著很難利用天空的線索或地標來判斷方向，天色陰暗時也沒辦法利用太陽來辨別方位。因此，牠們到底是如何找到回家的路呢？

許多昆蟲都會藉由不同的方法來辨別方向。有些昆蟲會利用所謂「地理環境爲主的線索」（geocentric cue），像是地標、氣味以及其他的特性，從這些線索當中，牠們就能夠辨識出巢穴與自己目前位置的相對方位。另外，牠們也會利用天空的線索來辨別位置，包括太陽的方位、天空偏振光等。

但是這些似乎都不是切葉蟻所用的方法；位在巴拿馬的史密森熱帶研究所（Smithsonian Tropical Research Institute）研究人員認爲，這種無脊椎動物可能是藉著某種與生俱來的磁性羅盤找到回家的路。

爲了找出答案，他們追蹤一窩螞蟻的行蹤，並試圖欺騙螞蟻、好讓牠們找不到正確的返家路線。

研究人員說：「太陽下山或天色變暗時，就是切葉蟻最活躍的時間。牠們會在陰天或晚上的時候在林蔭深處找尋食物。基於這個原因，我們便研究切葉蟻是否利用磁性羅盤來辨別方位並整合路徑。」

在熱帶雨林進行研究時，研究人員追蹤到大型的螞蟻巢穴並找出螞蟻的行進路線。接著，他們在一個六公尺長的塑膠帳篷裡放上一個有四組線圈的大型電磁鐵，並用一塊黑色塑膠布來蓋住電磁鐵，再以燕麥片當誘餌、在鋪滿砂子的桌上灑成一條路徑，他們透過這個方法來改變螞蟻尋找食物的路線，讓牠們走到帳篷裡面來。

螞蟻原本是帶著食物往北走回家，但是被研究人員從中攔截，把牠們騙往南方，走進伸手不見五指的電磁鐵帳篷中。

研究人員也另外設了一個對照組，對照組螞蟻的測試場地是在天然的地理磁場中（在巴拿馬，地磁指向地理位置的正北方），實驗組螞蟻走進的磁場方向則恰好相反。兩組螞蟻的行進路線都被紅外線攝影機拍攝下來。

在第二種實驗中，研究團隊利用強力電磁波來打亂螞蟻的磁性羅盤功能，試

⊙ 目前已知可利用地磁導航的動物包括有：蜜蜂、信鴿、海龜、多種候鳥和洄游魚類（像是鮭魚和彩虹鱒）、蠑螈等等。1975年，R. Blackemore首度發現磁菌，後來的研究也證實，包括人類在內的多種脊椎動物，在頭部篩骨骨竇區域中具有一個磁感器官，富含生物生成的磁性結晶。

圖影響牠們回家的能力。在這項研究中，螞蟻被攔截並帶到一個通電線圈的附近，這個通電線圈通有微弱的電流，並形成一個微弱的磁場。

這兩項研究都顯示螞蟻具有一種精密的磁性羅盤導航功能。在第一個實驗中，所有對照組的螞蟻都像往常一樣找到回家的路，但是實驗組有一半的螞蟻走錯了方向。

研究人員表示：「我們證明牠們能藉著磁力找到回家的路。第一個實驗當中，這些夜晚才出來活動的小小工作者，會因爲磁場方向改變而產生不同的行爲。」

「我們的結果顯示，切葉蟻是利用磁性羅盤來進行路徑整合，此外，我們也更了解構成磁性羅盤的分子特性。這項證據首次證明了無脊椎動物的路徑整合功能與磁性羅盤有關。」

測量北極熊的生殖器

氣候變遷與全球污染，是威脅地球生命還有沒有未來的兩大環境問題。

但是你要如何測量它們？有什麼東西可以像氣壓計一樣，告訴我們環境是變好還是變壞？有什麼東西可以用來當做定期測量的標準？

北極熊的生殖器或許可爲這個問題提供解答，因爲北極熊生殖器的大小可能會受到全球污染以及氣候變遷的影響。

一組科學研究團隊發現，跟生活於低度污染環境的同類比起來，生活環境遭受嚴重污染的北極熊，生殖器明顯小了許多。

科學家警告，在環境污染與氣候變遷的雙重影響下，北極熊的繁殖能力將大受威脅。

丹麥國立環境研究院（National Environmental Research Institute）北極圈環境系（Department of Arctic Environment）的資深研究科學家松尼博士（Christian

---

◉北緯66.5度以上才算是進入北極圈的範圍，依此算來，丹麥並不算是極圈國家，然而其屬地格陵蘭（Greenland）大部分位在北極圈內，所以設立專門研究極地環境的研究單位（不過，格陵蘭已在2008年公投通過，將逐步走向獨立）。

Sonne）說：「冰層融解與環境污染的雙重作用，對北極熊的繁殖能力影響甚鉅，最嚴重的後果就是北極熊因此滅絕。」

要在嚴苛的極地氣候下繁殖，大尺寸的陰莖骨對北極熊來說是極為重要的，因此，即使生殖器的長度只縮小了一點點，都可能嚴重影響到未來北極熊的數量。北極熊的繁殖率原本就不高，而生殖器縮短可能讓交配更不容易成功，嚴重的話，將導致該物種數量大為減少。

一般說來，北極熊是哺乳類動物中壽命與成獸存活率最高的物種之一，但是在陸上哺乳類動物中，牠們的繁殖力卻是排倒數的。北極熊的交配有季節性，而且具有延遲著床（delayed implantation）的特性，通常一胎會產下兩隻小熊。每年的四月到六月是北極熊的交配期，但是胚胎到九月下旬才會著床，到了十二月下旬小熊才會出生。

在這項研究中，松尼博士與他的研究夥伴觀察東格陵蘭（East Greenland）地區公熊與母熊的生殖器大小，並與挪威斯瓦爾巴群島（Svalbard）和加拿大地區的北極熊做比較。他們仔細地檢查公熊的睪丸與陰莖以及母熊的卵巢與子宮，並加以稱重、測量與記錄。

研究結果顯示，跟斯瓦爾巴群島的北極熊比起來，生活在東格陵蘭地區的北極熊生殖器比較小，重量也比較輕，而斯瓦爾巴群島北極熊的生殖器又比加拿大

斯瓦爾巴群島：位於北極海、巴倫支海以及格陵蘭海、挪威海之間的一群島嶼總稱，分布於北緯74°至81°，東經10°至35°之間。依據1920年所簽定的條約，斯瓦爾巴群島的主權屬於挪威，不過簽約國均可在當地公平進行商業活動。

的北極熊小。

研究人員也發現，北極熊的生殖器大小與環境中含有多少內分泌干擾因子污染物有關，例如多氯聯苯類（polychlorinated biphenyls，PCBs）。人類的內分泌系統是一個由腺體與荷爾蒙組成的網絡，負責調節人體的許多功能，包括睪丸與卵巢的功能。內分泌干擾因子是一種人造化合物，它會摹擬或阻礙荷爾蒙的功用，進而干擾生理機能的正常運作。

這項研究中，研究人員觀察到的斯瓦爾巴群島北極熊皆未受到污染，然而東格陵蘭地區的北極熊就遭受有機氯化物（organochlorine）、多溴化阻燃劑（polybrominated flame retardants）、汞以及全氟辛烷（perfluorooctane）等有毒化合物的嚴重污染。跟東格陵蘭地區的北極熊比起來，加拿大極圈北極熊受污染的程度明顯少了很多。

研究人員表示，有一個理論可用來解釋這個現象，就是這些經過長距離漂流的多氯聯苯、雙對氯苯基三氯乙烷（DDT）以及汞等內分泌干擾因子，會對北極熊的性器官尺寸產生負面的影響。

他們說，東格陵蘭地區的北極熊之所以受污染，是因爲牠們主要獵食環斑海豹（ringed seal，學名*Phoca hispida*）與髯海豹（bearded seal，學名*Erignathus barbatus*）並依賴其海豹脂維生。海豹脂中的有毒化合物含量相當高，對北極熊

▶ 多氯聯苯：化學式$C_{12}H_nCl_{(10-n)}$，是聯二苯（$C_{12}H_{10}$）當中部分氫原子被氯取代所形成多種化合物的總稱。多氯聯苯因化學活性低而大量用來作為電力設備的絕緣油，或是導熱載體。1979年曾在台灣彰化地區發生米糠油被多氯聯苯污染而使多人中毒的事件。

體內的荷爾蒙與維生素含量可能會造成影響。

松尼博士表示：「重要的問題在於，未來氣候的變遷（影響食物的取得）以及經過長距離漂流的持久性有機污染物是否會對北極熊的繁殖能力造成威脅，進而危害到這個物種。」

「我們的研究顯示，隨著體內污染程度的增加，東格陵蘭地區北極熊的性器官將會變得更小。若再加上氣候變遷的因素，未來北極熊的繁殖率將會受到相當大的威脅。我們建議進行大區域的研究，以了解環境污染與氣候變遷對北極熊生殖器尺寸的影響程度。」

DDT：化學式$(ClC_6H_4)_2CH(CCl_3)$，1939年穆勒（Paul Hermann Müller, 1899-1965）發現它是一種強效殺蟲劑，在二十世紀五〇至八〇年代大量用於防治蚊蠅等害蟲，穆勒還因此得到1948年的諾貝爾獎。然而DDT在自然環境中難以分解，並會累積在動物的脂肪中，尤其是位居食物鏈頂層的大型肉食動物深受其害。

四腳朝天的烏龜與大腦

不小心翻面的烏龜必須儘快讓自己翻回來。

對烏龜來說，這是攸關生死的動作，因爲當牠們翻過來肚子朝上的時候，就沒辦法正常呼吸也不能控制體溫，而且一旦仰躺在地上太久，牠們就會因爲缺乏食物、暴露出柔軟的部位引來掠食者、或是曝曬在陽光下太久導致體溫過高而死亡。

由於烏龜已經在地球上生存了很長的時間，難免會因爲打架、橫越崎嶇不平的路面而不小心翻過身來，因此牠們必定已經發展出快速又安全的方法，讓自己儘速翻回來。

但是，牠們究竟是怎麼做的呢？牠們如何運用頭腦？平均每隻烏龜需要多久時間才能翻回來呢？

爲了找出這些問題的答案，義大利帕多瓦大學（University of Padova）與第里雅斯特大學（Trieste University）的研究人員花了很多時間觀察四腳朝天的烏龜如何自己翻回來。

研究人員利用一個特殊設計的塑膠沙盤來做實驗。他們在沙盤上鋪滿沙子，並在沙子上面覆蓋一層網子，讓烏龜有東西可以抓；沙盤中央有一個長方形的小坑，實驗時，就把烏龜翻過來放在這個小坑裡。

接著，研究人員就把烏龜們努力翻身的過程全部拍攝下來並加以分析。目前的研究結果顯示，翻面的烏龜通常都會明顯做出「搖動與翻轉」的動作。研究人員表示，這是人們首次對烏龜的翻面動作做出詳細描述。

經過仔細分析，研究人員發現烏龜翻面時會做出兩個不同的動作。首先，牠們會先伸出一隻腳，並盡量讓腳碰到地面。接著，爲了讓身體能夠搖動，牠們的頭與其他隻腳（除了剛才撐在地上的那一隻腳以外）就開始努力地擺動。經過一陣搖動之後，烏龜就會以撐在地上的那隻腳爲支撐點，讓身體朝著支撐點的方向翻過來。

這種能活到五十歲以上的動物在翻身時是非常有效率的。目前爲止，研究人員觀察到的所有烏龜都是不到兩分鐘就成功地翻過身來。

這項研究不僅對於大腦的發展有著重要的意義，也確認了與動作有關的大腦結構。它顯示出大部分烏龜在翻身時都朝著同一個方向。在研究中，往右翻的烏龜數量是往左翻烏龜的三倍。

透過這項研究，我們或許能更加了解人類的大腦爲何以及如何發展出特殊的功能。所謂「大腦側化」的現象，指的不外乎就是大腦處理資訊的方式。雖然大腦的左右半葉（或是左右兩邊）結構都很類似，但是它們的功能各有不同。

一般認爲，左腦是較爲強勢的半腦，比較具有邏輯性，同時也是語言中樞；右腦則比較富有想像力，並且處理更多視覺、直覺、情感與空間的感知。由於右腦主要控制身體左側部位，某些研究已經證實左耳的神經是通往大腦負責情感的區域，右耳神經則與非情感的邏輯區域有關。

蚯蚓的數量

蚯蚓對於花園或許有好處，但是對打高爾夫球的人而言，它們就不是什麼好消息了。

打球的人在揮桿時或許打得又直又準，讓球朝著平坦的球道或草地前進，但是萬一球落在蚯蚓糞上，這一洞、甚至這一場比賽都有可能因此輸掉。過多的蚯蚓糞還會讓割草機的刀片容易變鈍。

在英國，大多數的高爾夫球場都有一套控制蚯蚓數量的策略，但是很顯然的，這些不速之客正在以越來越快的速度冒出頭來。在形成蚯蚓糞的過程中，蚯蚓會把一些土壤帶到地表上來，根據科學家的計算，平均在每一英畝土地上，每年由蚯蚓形成的蚯蚓糞共有二十到二十五公噸之多。

問題在於，一九九八年以前，人們都是用強力殺蟲劑可氯丹（Chlordane）與高毒性的有機磷酸酯來控制蚯蚓的數量，在灑下這些藥劑之後，至少可以抑制蚯蚓活動達七年之久。

但是，自英國於一九九八年開始全面禁用上述化學藥品以來，蚯蚓所引發的土壤問題已隨之大量增加。

因此，我們需要採用一些更能保護環境的方法來對付蚯蚓。然而，研究人員、高爾夫球場的老闆與管理者很快就發現，我們對蚯蚓的了解十分有限。舉例來說，沒有人知道一平方呎土地中有多少蚯蚓，也沒有人知道這些蚯蚓的種類，更沒有人知道哪些蚯蚓比較好掌控、哪些比較容易產生糞便。

這就是爲什麼克蘭菲爾德大學（Cranfield University）的研究人員要在英國進行這場規模最大的高爾夫球場蚯蚓與蚯蚓糞數量調查。

在這項研究中，學者們花了一年的時間來進行調查，一開始他們先計算高爾夫球道上有多少蚯蚓糞，接著再利用一項特殊的技術（其中包括一種由芥末粉製成的溶液）將蚯蚓樣本從土壤中採集出來。在芥末溶液滲透到土壤後的二十分鐘之內，所有從土裡跑出來的蚯蚓都會被研究人員蒐集起來，接著再清洗這些蚯蚓並存放起來，以留待稍後的計算與鑑定。接著，研究人員就計算這些參與研究的高爾夫球場中，其每平方公尺土壤大約有多少蚯蚓。

整體說來，研究人員在這些高爾夫球場發現了七種不同的蚯蚓，包括縞蚯蚓（Aporrectodea rosea）、紅蚯蚓（Lumbricus rubellus）、黑頭蚯蚓（Aporrectodea longa）與大蚯蚓（Lumbricus terrestris）等等。

其中，縞蚯蚓與紅蚯蚓這兩種淺棲蚯蚓的數量最多，黑頭蚯蚓與大蚯蚓這兩種深棲蚯蚓也爲數不少。嚴格說來（至少高爾夫球場老闆這麼認爲），不管哪一種蚯蚓都是在土壤表面留下永久或半永久洞穴的元兇。

此外，研究人員也發現各個高爾夫球場的蚯蚓數量有著明顯的差異。在蚯蚓數量最多的球場中，每平方公尺土地最多可找到四十隻蚯蚓，相較之下，有些球場的每平方公尺土地中只有兩隻蚯蚓。

唯一可用來解釋這項明顯差異的，就是土壤中的沙子與淤泥含量。土壤中含有的沙子與淤泥越多，蚯蚓的數量就越少，這或許是對付蚯蚓的一種自然策略。

研究人員說：「對高爾夫球場管理者來說，只有活躍於土壤表層的蚯蚓才會明顯造成管理上的問題。然而我們的研究指出，現在蚯蚓的數量與社群結構可能跟過去的調查記錄、或高爾夫球場管理者以往的認知有相當大的差距。找出地表活動最爲活躍的蚯蚓，將有助於人類在後可氯丹時代中以環保的方法來控制球場內的蚯蚓活動。」

根據這項研究結果，科學家們建議，想避開蚯蚓糞的高爾夫球友最好盡量把球局安排在七月份，因爲蚯蚓的數量在這個月份最少。研究人員發現，夏季時，蚯蚓的數量最多會縮減爲原先的十分之一。

根據另一位蚯蚓研究者，美國華盛頓州立大學（Washington State University）的貝克曼（Paul Backman）表示，地表上的蚯蚓糞主要形成原因有兩個。第一，當蚯蚓攝取了有機物質（例如腐爛的葉片組織與礦物質土壤）之後，牠們就會把剩餘的物質排出體外。第二，當蚯蚓的洞穴中填滿土壤時，牠們就會把這些土壤吃進肚子裡，然後把它搬到地面上。

貝克曼說：「當蚯蚓吃下土壤和葉片組織以攝取營養，接著鑽上地面排出殘渣或糞便，就會在草地上留下一堆一堆的土壤，形成所謂的蚯蚓糞。一旦球道上出現大量的蚯蚓糞，就會增加管理上的困難，對於草皮的維護與球道的完整也會造成影響。草皮受到影響之後就會變薄，球場的土質也會變軟。」

貝克曼表示，在高爾夫球場球道下的蚯蚓數量可能多達數百萬隻，另外還有數百萬隻蚯蚓藏在割草機不曾經過的深草區。他指出一個問題，那就是修剪平整的球道同時也成爲蚯蚓的理想居住環境，因爲割下來的草屑以及土壤裡的有機質都是蚯蚓最好的食物。

從一九九八年就開始研究蚯蚓的貝克曼也指出，晚上才出來活動的大蚯蚓（又稱「夜行蚯蚓」），就是在全美各地的高爾夫球場造成嚴重危害的品種。他說，這種蚯蚓會在土壤中留下永久性的垂直通道，通道直徑從〇．一二五吋到〇．五吋不等（約〇．三二公分到一．三公分），通道最深可達到十二呎（約

三．六公尺）。更糟的是，根據研究發現，大蚯蚓可以活很久，有記錄指出其平均壽命可長達六到九年，在某些情況下還可長達二十年。這種蚯蚓的繁殖速度也很快，每兩個星期最多可繁殖出二十隻後代。

在此同時，南伊利諾大學（Southern Illinois University）的蚯蚓研究人員則表示，這些無脊椎動物對打高爾夫球的人來說未必全然是壞消息。

這些研究人員始終在研究一個想法，學校每年所產生的七十公噸廚餘，如果放入三百萬隻蚯蚓，所得堆肥或許可以用來當作高爾夫球場草皮與球道的肥料。另外，研究人員也花時間計算出，每年南伊利諾大學一共供應八十五萬兩千兩百六十三份餐點，並產生十七萬兩千一百五十七磅的廚餘。

研究人員目前正在估算堆肥的用量，並研究其中是否擁有足夠的營養素，不過這可得花點時間。他們說：「通常，農業方面的研究需要至少兩年的田間資料，才能提出經得起科學檢驗的結果；因爲所得結果會隨雨量、氣候與溫度而有所變化。」

牛的牙齒

檢視已成爲化石的牙齒或許不是最尖端的研究，但是它卻幫科學家解開了一個謎團。

藉由分析古老的化石，研究人員證實現代牛早在九百萬年前就已經出現在地球上，而且牠們的體型發展也反應出之前的地球氣候變遷。

根據化石研究人員表示，出現在亞洲的古代牛不僅發展出龐大的體型，牙齒的尺寸也很大，這些形態上的演變，是牠們爲了適應當時氣候暖化所造成之植被改變而產生的演化結果。

耶魯大學的畢比博士（Faysal Bibi）表示：「這份研究報告首次證實，牛科動物至少在八百九十萬年前就存在於地球上，而且其起源處就在亞洲喜馬拉雅山的南邊。我認爲牠們之所以發展出龐大的體型，是氣候變遷所造成的結果，也就是中新世（Miocene）晚期在南亞地區所發生的嚴重乾旱。」

中新世（Miocene）：約二千三百萬年前至七百萬年前。

本研究是以化石分析爲主，試著追溯牛科動物演化的過程與年代，包括非洲水牛（African Cape buffalo）、美洲野牛（American bison）、亞洲水牛（Asian water buffalo）、犛牛、以及現在人類所豢養的牛的始祖——歐洲野牛。

牛科動物的早期演化歷史仍個是待解的謎團，目前已發現最早的牛科動物生存於距今大約七百萬年前，起源於非洲。

以耶魯大學所收藏之材料所做的化石分析，主要是從牙齒化石得來的最新資料。這些研究結果將有助於科學家追溯牛科動物的年代與演化過程，並了解牙齒的形狀與功能在演化期間出現什麼變化。

研究報告指出，由於這些牙齒的齒冠很高，顯示當時降雨不多、環境也很乾燥。從這些牙齒化石看來，當時已越來越難吃到軟的食物，漸漸地，牛科動物只能吃一些纖維很粗的植物維生。

研究報告指出：「牛科動物之所以發展出龐大的體型與強壯的牙齒，是受到氣候與環境改變的影響。」

在此同時，專門研究牛的科學家也在試著解決另一個不太受重視的問題，那就是：「牛躺下時，喜歡以身體的右側或是左側躺臥？」

理論上，平均而言在一群乳牛當中，選擇右側躺臥的牛與選擇左側躺臥的牛應該會一樣多。但是，實際上是不是眞的如此呢？

針對這個問題，瑞典農業大學（Swedish University of Agricultural Science）的研究人員進行了一些實驗，分別計算右側躺臥與左側躺臥的乳牛有多少隻。第一項實驗中，研究人員以四小時爲一階段，總共進行十八個階段的觀察，在每一階段中，每隔二十分鐘就會記錄乳牛的行爲。第二項實驗以正在分泌乳汁的牛爲對象，研究人員以四十八小時爲一個階段，共進行四個階段的觀察，在每個階段中，每隔十二分鐘就會紀錄乳牛的行爲。第三個實驗則是在兩個月之內，隨機觀察乳牛的舉動。

結果顯示，處於泌乳期的乳牛當中，選擇右側躺臥的牛與選擇左側躺臥的牛一樣多。然而研究人員發現，懷孕晚期的乳牛中，有六十・七%偏好以左側躺臥。這可能是因爲乳牛懷孕時，胎兒是長在腹腔右側，因此如果母牛以右側躺臥就會覺得不舒服。

綿羊觀察家

綿羊或許一點也不笨。

研究人員發現，綿羊不僅在生病時懂得挑選有療效的食物來吃，牠們還能辨識並且記住人類的臉孔。當綿羊吃壞肚子的時候，牠們知道要吃哪些食物來治療便祕與胃灼熱。

研究也顯示，綿羊能夠辨識並記住人與其他綿羊的臉孔，並且能夠辨識出快樂與悲傷的表情，此外，牠們還能分辨每隻綿羊的叫聲。

另外，還有人認爲綿羊是跨越柵欄的高手，但是這項說法仍然頗受質疑；據說，綿羊會用滾的滾過欄杆，或是有綿羊自願當墊腳石，好讓其他的綿羊踩在牠身上跨過柵欄。

最近就有一些研究顯示，綿羊沒有想像中的笨，因爲猶他州立大學（Utah State University）研究綿羊的學者已經發現，生病的綿羊能夠自己治療胃病。

研究人員說：「人們學會在頭痛時吃阿斯匹靈、胃痛時吃胃酸中和劑，還懂得吃伊布洛芬來舒緩疼痛，此外，人們也常常找醫生看病拿藥。那麼，草食動物是不是也有可能自己找藥來吃呢？」

他們表示，從史前時代開始，人類就相信動物懂得自我治療，但是一直到現在，我們仍不清楚綿羊是否眞的能夠找到有療效的食物來治療自己的病痛。

在這項研究中，研究人員給小綿羊吃下一些東西，讓牠們產生輕微不舒服的情況，接著再給牠們幾種選擇，其中包括一些能舒緩症狀的食物。沒想到，這些小綿羊竟然能夠正確地找出適合的食物並吃掉它們。

研究人員表示：「這個研究首度證實動物會選擇用藥。」他們說：「如果我們承認動物會偏好那些可以讓身體維持均衡與健康的食物，那麼動物也很有可能懂得如何治療自己的病痛。從目前的研究結果來看，我們的看法已獲得支持。」

擔任倫敦格雷欣學院榮譽醫學教授（Gresham Professor of Physic）的劍橋大學（Cambridge University）神經科學家肯德利克（Keith KenDr.ick）教授表示，這項研究證明綿羊並沒有我們想像中那麼笨。他說：「我們現在已經掌握足夠的證據，證明綿羊一點也不笨。事實上，牠們在某些情況下的表現可說十分狡猾，而且事後還會裝成若無其事的樣子。」

肯德利克教授與他的團隊一直在研究綿羊對於臉孔與情緒的辨識能力。

⊙ 伊布洛芬：ibuprofen，治療關節炎的消炎止痛藥。

肯德利克教授說：「我們研究的是綿羊如何處理臉孔與情緒方面的資訊。我們發現，綿羊不僅能夠辨認出人的臉孔與情緒，也能從其他綿羊的臉部表情得知牠們的情緒變化。此外，綿羊也會生成關於臉孔的心智圖像。牠們至少能夠辨認出五十張不同的臉孔，而且起碼在兩年之內都不會忘記。」

「牠們辨識臉孔的方式與精密程度，就跟人類一樣。在綿羊的大腦中，就有一部份是負責辨識臉孔。在其群居相處之時，算是相當細心；牠們知道快樂的表情跟生氣的臉孔有什麼不一樣。」

法國行爲生態學研究院（French Behavioural Ecology Group）的成員也發現，母綿羊能夠藉由小綿羊的叫聲來辨認出自己的小孩；這就表示，雖然對人類來說，每隻綿羊的叫聲聽起來都一樣，但是對綿羊而言，每一隻綿羊的叫聲都是獨一無二的。

研究者表示：「我們的研究結果顯示，母綿羊與小綿羊能夠僅僅藉由叫聲就彼此相認。這些結果也指出，綿羊自有一套簡單的聲音識別系統。」

另外還有一些和綿羊有關的研究成果，例如像是：

- 綿羊的平均壽命差不多爲七年，但是有的綿羊可以活到二十年。
- 世界上最大的綿羊是生活在西伯利亞和蒙古阿爾泰山區的盤綿羊

（Argali），其肩高（肩膀到地面的距離）可達四英呎（約一百二十公分）左右。

● 一般認爲，綿羊早在青銅器時代就是亞洲地區人類所豢養的動物。

● 綿羊的體溫比人類高，約爲華氏一〇二度到一〇三度左右（約攝氏三十八．八度到三十九．四度）。

● 綿羊是用牠們的下門牙來吃草。

● 小綿羊在出生後五分鐘就會走路。

大黃蜂的困境

研究大黃蜂的科學家發現，這種昆蟲的數量正在下降，他們表示，大黃蜂數量減少的主要原因是由於農耕方法改變。

曬製乾草的農家越來越少，農人紛紛改以新鮮牧草來餵食牲畜，這樣的現象使得大黃蜂大量減少，自一九七〇年以來，大黃蜂數量已經下降了六十%。

研究人員說：「我們認爲，由於農民普遍以新鮮牧草取代乾草，使得除草的時間提早、次數也增多，導致夏末出現的野花數量減少，這個現象就是造成大黃蜂數量大幅下降的主要原因。」

以前在鄉間的苜蓿田、灌木叢和田邊，總是可以見到許多大黃蜂，但是現在，二十多種不同的大黃蜂中，大部份品種的數量都在下降，其中還有兩種已經絕跡。英國生物行動計畫（UK Biological Action Plan）已將五種大黃蜂列爲需要保護的品種，另外還有三種也將考慮列入保護。

我們還不清楚大黃蜂的數量爲什麼會大量減少，針對這個現象，科學家提出幾種可能的理論，包括氣候變遷與精耕農業。

進行這項研究的人員認爲，大黃蜂減少的原因和曬製乾草有關。以前，農民總會等到田裡的野草開花之後才會割草，因此這些野花就有機會引來許多蜜蜂。但是現在，農民喜歡以新鮮的牧草當做牲畜的飼料，於是割草的次數變得頻繁、時間也提前，這樣一來，野草還來不及開花就被割掉了。此外，由於耕種方式比以往更爲密集，連農田的邊緣都被用來種植作物，更加壓縮了野生動物以及昆蟲的生存空間。

農民喜歡用新鮮牧草有以下幾個原因，包括：比較不會受到天候的影響、不會延誤收成、可減少農作物的損失、牧草也能夠長時間存放而不太會流失營養成分。

在這項研究中，來自都柏林的三一大學（Trinity College）、貝爾法斯特的女王大學、利墨瑞克大學（Limerick University）以及愛爾蘭理工學院（Ireland Institute of Technology）的研究人員分析由愛爾蘭而來的最新資料，該國已經有一半以上的大黃蜂品種出現數量減少的情況。

研究人員說：「我們爲愛爾蘭的大黃蜂建立了新的獨立資料庫，發現在不列顛群島各處，大部份相同品種的大黃蜂其數量都持續減少。我們證實愛爾蘭和英

大黃蜂：又稱熊蜂，蜜蜂科熊蜂屬（*Bombus*）的總稱，它們通常是生活在高緯度或高海拔地區，特徵為通身具有軟毛，行群居的社會生活，以地底洞穴為巢，也有些品種直接住在草叢中或地面上。熊蜂的體形比蜜蜂（*Apis mellifera*）更大，不過兩者一樣是以花蜜為食，並採集花粉，因此是重要的授粉昆蟲，商業上已培養出一些品種，專供網室或溫室栽植的蔬果授粉。

國的一些晚生種蜜蜂數量也減少，此外，在統計結果中，這些品種也明顯出現往西遷移至棲息範圍最邊緣的現象，這可能是因爲土地利用方式改變所造成的。」

這項研究也顯示，這些原本數量就不多、如今更逐漸減少的大黃蜂，正好就是喜歡以大片草地作爲棲息地的品種。

大黃蜂在地底洞穴中築的巢。

聽聽狗的叫聲

在狗叫聲的研究領域中，匈牙利聖伊士特萬國王大學（Szent Istvan University）的科學家可說是佼佼者。

透過聆聽、記錄並測量狗的各種叫聲，他們終於揭開了以往無人知曉的祕密。舉例來說，研究人員發現，人類可以從家中狗狗的叫聲聽出牠們的情緒；他們還證明每一隻狗都有屬於自己的聲音特色。

而且，在最近的創新研究中，他們也發現狗能夠區分出其他的狗在不同情境下的叫聲。

研究人員利用心跳偵測器來觀察狗的心跳，他們發現，聆聽別的狗狗面對陌生人或獨自吠叫時的錄音，反應並不一樣。

研究人員說：「在過去，狗的叫聲一直被認爲是一種無意義的聲音。直到不久前，我們發現人類能夠了解狗叫聲所傳達出來的情感與含意。現在，藉由在實驗中偵測狗的心跳，我們證明狗也能區分出其他的狗在不同情境下所發出的叫聲有差異。」

為了進行研究，研究人員找來一大群不同品種的狗，其中包括：德國牧羊犬、邊境牧羊犬、黃金獵犬、德國指示犬、拉不拉多以及混種犬，這些狗的平均年齡為五歲。

研究團隊也預錄了其他幾隻狗在兩種不同情境下所發出的叫聲。第一種情況是有陌生人進入狗狗所住的房子，第二種情況則是狗獨自被栓在樹下，而且旁邊沒有人在。在稍早之前所做的人類測試中，研究人員發現人們能夠輕鬆地區分出狗在這兩種情境下所發出的叫聲。此外，研究人員也錄下另外兩種機械聲做為對照組，一種是鑽孔機在磚牆上鑽洞的聲音，另一種是冰箱馬達運轉時的嗡嗡聲。

實驗地點是在一間特殊的實驗室。在實驗開始前三十分鐘，研究人員先用電動剃毛刀將狗身上的毛剃掉一部份，好讓心跳偵測器的感應線可以直接貼在狗的皮膚上。接著，心電圖儀器的三條電極貼在每隻狗的皮膚上，將受測動物的心跳資訊顯示在螢幕上。

每一次實驗當中，狗主人就坐在實驗室裡，而用鏈子栓住的狗則坐在主人前面。狗主人和狗都面向同一個方向。在實驗中，狗主人不能觸摸他們的狗。

接著，研究人員會突然播放二十五秒的聲音給狗聽，此時，監測儀器會偵測並計算出狗的心跳。

在事先錄好的狗叫聲中，其中一種叫聲會重複播放好幾次，在場的狗就會漸漸熟悉這種聲音。接下來，研究人員會播放第二種狗叫聲，看看狗狗們有沒有注意到兩者之間的差異，並出現不同的心跳反應。

研究結果顯示，這些狗聽到不同的叫聲時可以分辨出其中的差異，並且會出現不同的反應。但是當牠們聽到對照組的兩種聲音時，則沒有做出不同的反應。

研究人員說：「看到陌生人、以及獨自栓在樹下的這兩種狗叫聲，其聲音的特色明顯不同，我們的研究結果顯示，狗可能具有分辨這兩種聲音的能力。」他們又說：「或許，即使狗兒沒有經過任何訓練，也可以對不同的狗叫聲做出反應，並且能辨認出其中的差異。在測量這些狗的心跳率變化之後，我們證實狗能區分出兩種不同情境下的狗叫聲。」

研究人員說：「從這個實驗看來，狗能夠辨別出同類的不同叫聲。我們的實驗顯示，狗能夠察覺其他的狗在不同情境下所發出的不同叫聲，由此可見，狗叫聲不僅是狗用來與人類溝通的方式，也是狗跟狗之間互相溝通的一種工具。」

狒狒的叫聲

很少有人知道，公狒狒藉著偷聽其他成對狒狒發出的叫聲，發展出一種偷情的方法。

沒有伴侶的公狒狒會藉由母狒狒和其固定伴侶的叫聲來判斷她和伴侶的距離，然後趁機向母狒狒求歡。

如果母狒狒和其固定伴侶離得很遠，那麼沒有伴侶的公狒狒就會認爲這是一個交配的好機會，並且趁虛而入；研究人員將這種行爲形容爲「偷情」。

其他人或許沒發現這件事，但是賓州大學（University of Pennsylvania）的狒狒研究者就注意到了。

他們說：「『偷聽』或許是公狒狒用來偷情的一種策略。公狒狒隨時都在注意其他狒狒的伴侶關係，因此當交配的機會突然出現，或是有母狒狒落單，牠們都能夠很快地察覺到。」

我們已經知道，一旦公狒狒離開牠的伴侶，幾分鐘之內就有另一隻公狒狒接替牠的位置，可見牠們很快就能注意到交配的機會。然而在此之前，我們並不清楚單身的公狒狒如何找到機會和已經發情的母狒狒交配。

在一連串的實驗中，研究人員透過擴音器，將幾種不同的叫聲以及交配時的聲音播放給一群公狒狒聽。

在第一組聲音中，研究人員將有伴侶的公狒狒所發出的聲音從一個擴音器播放出來，並用另一個擴音器播放該公狒狒的伴侶所發出的交配叫聲，兩個擴音器之間大約隔了四十公尺的距離，藉此顯示公狒狒與母狒狒暫時沒有在一起。第二組聲音是公母狒狒在一起時的聲音。第三組聲音表示公母狒狒已經分開，但是母狒狒已經與其他公狒狒交配。

實驗結果顯示，公狒狒對分隔兩地的公母狒狒所發出的聲音最有反應。

這篇發表於《動物行爲》（*Animal Behaviour*）期刊的報告指出：「當這群公狒狒聽到一連串顯示公母狒狒暫時分開的叫聲時，反應極大。」

研究人員說：「當擴音器播放出母狒狒的發情叫聲時，接受測驗的公狒狒不

▶ 狒狒：猴科（Cercopithecidae）狒狒屬（Papio）的總稱，雜食、地棲性，僅生於東非大裂谷地區。大部分種類過著群聚生活，以一隻母狒狒為群體核心，階級嚴明；僅阿拉伯狒狒（學名*Papio hamadryas*）以雄性為群體領導。

但會朝牠多看幾次，還會試著接近牠。從這些行爲可以看出，牠們以爲這對狒狒伴侶暫時分開、而且母狒狒已經準備好要交配，如此一來，自己就有機會可以跟母狒狒交配了。」

研究人員表示，實驗結果證實狒狒與其他的猴子都能辨識並且了解社會關係的存在。不僅如此，牠們甚至能夠察覺到某些關係的結束，這一點有很多人類都做不到。

研究人員又說：「牠們似乎也能理解，不同的空間遠近程度代表著不同的社交關係。狒狒顯然明白，當伴侶之間總是相伴相隨，就代表這是一種很親密的社交關係，相反的，如果公母狒狒沒有在一起，代表這種關係沒有很緊密。此外，牠們似乎也知道某些很親密的關係其實相當短暫。」

避開人潮

當夏季來臨時，動物園裡的大猩猩可能會很期待下雨天。

夏天是萬物崢嶸的季節，到處都是人擠人，雖然動物們也算是個主要焦點，但是有新的研究顯示，牠們並不喜歡放長假時的擁擠群眾。

當動物園中的人潮過於擁擠時，大猩猩（尤其是沒有伴侶的）就會甩動雙手、搥自己的胸膛、並咬緊牙根。牠們也會出現一些壓力徵兆，包括到處亂扒、亂抓或是用手、嘴巴或腳去抓咬身體其他部位。

雖然觀看大猩猩的人潮從各處蜂擁而至，但是大猩猩顯然對人群沒有興趣。當人越來越多時，大猩猩還會努力地試著把自己蜷縮在人們看不見的角落。

兩組研究團隊以大猩猩對人群的反應進行研究。在最新的研究中，研究人員以佛羅里達州迪士尼動物王國裡的大猩猩爲研究對象，觀察牠們面對假日的龐大參觀人潮、以及平常只有一半的人潮時，分別出現什麼反應。

研究結果顯示，當參觀的人潮越來越多，就越不容易看到大猩猩的身影，而且單身的大猩猩還會變得更具侵略性。這裡說的侵略性包括了接觸性的侵略行爲，例如咬或打，以及非接觸性的侵略行爲，例如直挺挺地站著、雙唇緊閉、一臉凶相，或是搥打胸膛。

研究人員說：「隨著動物園越來越重視動物福利，過去幾十年來，園方也越來越關注參觀人潮對園內動物的行爲與福祉有何影響。」

在第二項研究中，英國貝爾法斯特女王大學的研究人員發現，當參觀人潮越來越多時，大猩猩搥打玻璃圍牆的次數就會提高七倍以上。他們也發現，隨著人群越來越龐大，大猩猩就越容易出現侵略行爲與異常的反應。

儘管我們還不清楚大猩猩爲何討厭龐大的人群，但是有一個理論指出，這可能跟參觀人數過多以及群眾所製造的噪音有關。

▶大猩猩：人科（Hominidae）大猩猩屬（Gorilla）的總稱，現居地主要分布於赤道非洲的叢林中，並分為東部高地和西部低地兩大棲息地，主要為素食，又以葉子占大宗；行走時前肢握拳支撐體重，被稱為拳行（knuckle-walking）。

貝爾法斯特的研究人員表示：「目前爲止，根據對其他靈長類動物的研究，我們已經發現了許多可能影響動物的因素，包括遊客製造的噪音、遊客的活動以及他們所形成的一大片人潮，但是我們還不知道這些因素是否會影響到動物園裡的大猩猩。」

研究人員又說：「這項研究顯示，大猩猩跟其他許多靈長類動物一樣，面對眾多的參觀人潮時都會表現得特別激動。對動物園裡的許多動物來說，遊客的造訪可能對牠們形成一些特殊且複雜的刺激。但是，被關在籠子裡的動物常常因爲無法逃開人群的視線、再加上人群的干擾而導致情緒失控。」

天啊！小無尾熊，快閉上你的眼睛！

母無尾熊的性生活可能比我們以前所想的還要豐富。

研究顯示，這些讓人忍不住想要抱抱的袋熊表親對其他母無尾熊也有偏好。研究人員用數位攝影機拍下無尾熊的生活，發現其中有四十三次同性互動以及十五次的異性互動。

研究人員表示：「某些母無尾熊在拒絕公無尾熊進入她們的地盤之後，短時間之內她們只願意讓其他母無尾熊靠近。」

更嚴重的是：「在某些情況下，常會看到好幾對母無尾熊攀附在同一棵樹上，還有很多隻母無尾熊會同時疊在一起。其中至少有那麼一『疊』，共有五隻母無尾熊參與。」

某種理論認爲，她們這樣做是爲了吸引異性，但更有可能是爲了紓解壓力。

向來以只吃尤加利樹葉、把小熊藏在育兒袋裡以及頭腦遲鈍而聞名的無尾熊，似乎只有在動物園裡才會發展出前述行爲，因爲在野外，只有異性之間才會出現類似的互動。

在這項研究中，來自澳洲昆士蘭大學（University of Queensland）以及其他研究機構的研究人員觀察無尾熊的行爲，包括分析牠們交配時的叫聲，例如吠叫、吼叫、輕聲的呻吟和大聲尖叫等。

這份研究報告以一百三十隻昆士蘭無尾熊爲對象，報告中指出，這些母無尾熊的同性互動行爲都是自發性的，沒有任何人爲介入；研究報告表示：「我們的研究目的是要找出母無尾熊與同性和異性相處時的行爲差異，並進而了解母無尾熊爲何會出現這種同性互動。」

研究人員說：「一般來說，野生的無尾熊被關在動物園之後，會明顯出現同性互動行爲。我們的數位攝影機拍攝了許多不同的無尾熊，其中共拍攝到十五次異性交配與四十三次同性互動。同性行爲只發生在母無尾熊身上，一般而言，異性的交配時間比同性互動時間長了兩倍左右。」

研究發現，母無尾熊與同性之間的互動行爲通常不是自然發生，而是因爲公無尾熊的出現所造成的。

研究人員表示，動物園裡的母無尾熊之所以會出現這種行爲，有幾種可能的目的。但他們說，母無尾熊絕對不是爲了練習交配才這樣做，因爲動物園裡的年幼母無尾熊並不會出現同性互動。

另一種可能則是這樣做是爲了吸引公無尾熊的注意，然而如果眞的是如此，這個策略顯然不太成功：「出現在母無尾熊地盤的公無尾熊，並不會因爲母無尾熊的同性行爲而向她們靠近，因此，這種行爲的目的或許不是爲了吸引異性。」

事實上，無尾熊的視力很差（也就是說，公無尾熊應該看不清楚母無尾熊的動作），所以吸引異性這種說法似乎無法成立。

然而另外一種理論則說這是由於荷爾蒙的關係，因此無論剛好在旁邊的是公是母，無尾熊都會受到吸引：「所以，這是因爲母無尾熊大腦中的雌二醇濃度提高並刺激到下視丘，她們才會做出這樣既定而且不變的行爲。」

研究人員說：「當另一隻無尾熊出現時，無論牠的性別如何，都會發生互動的行爲。如果出現的是一隻相對較爲強勢的公無尾熊，那麼交配行爲就會發生；如果闖進地盤的是一隻同樣在發情的母無尾熊，就會出現同性之間的互動。」

他們又說：「這種行爲也有可能是爲了紓解壓力，因爲它只出現在動物園的無尾熊身上。」

雌二醇（estradiol）：化學式$C_{18}H_{24}O_2$，是一種主要的動情激素，掌控女性的動情周期，不過雌二醇也是男性激素睪固酮的代謝物之一，因此也會影響男性生殖行為。在雌性的哺乳動物身上，雌二醇主要是由卵巢的濾泡細胞製造，它可作用於下視丘而調節性腺軸（下視丘－腦垂體－卵巢）的功能。

4

跟企鵝說話、觀察胖胖鳥、北美紅鴨

清晨的鳥鳴

清晨的鳥鳴聲或許聽起來很美，但是在悅耳的鳴聲背後，卻隱藏著濫交、擁有多重性伴侶、以及雄性主導的黑暗世界。

根據鷦鷯（wren）的相關研究報告指出，清晨傳出的鳥鳴，主要都是來自於雄鳥們互相競爭，以及年長雄鳥向已經有伴侶之雌鳥求愛的叫聲。

有一種叫聲——啁啾（chatter），是為了警告其他的雄鳥不要越雷池一步；另一種叫聲——顫音啼囀（trill），則是為了展現雄風，並表示自己受到雌鳥青睞。

或是像研究人員所說：「這些鳥叫聲的最終目的或許是為了獲得更多的群外交配（extra-group fertilization）機會。」

儘管研究人員很早以前就很好奇鳥類為何要在早晨鳴叫，這種做法的目的是什麼依然令人費解。由於很多不同品種的鳥類都會在清晨鳴叫，因此有人認為這是因爲早上的聲音傳遞品質最好，或是因爲早上比較不會受到掠食者的攻擊。也有人認爲這或許是鳥類在預告當天的第一餐即將來臨。

澳洲國家大學（Australian National University）的研究中，演化生態學家仔細地觀察壯麗細尾鷯鶯（Superb Fairy-wren）在清晨的鳴叫行爲，並錄下三十六隻雄性成鳥的叫聲。研究結果顯示，雄鳥會在日出前三十分鐘開始鳴叫，而且鳴叫聲會持續九分鐘到三十分鐘之久，只有偶爾受到其他雄鳥攻擊或是進行群外交配時才會中斷。

當研究人員進一步探究時發現，鳥鳴聲有兩種，也就是啁啾聲與顫音啼囀。根據觀察，強勢的雄鳥比較常發出啁啾聲，目的是要讓其他雄鳥知道牠的存在。

另一方面，用顫音啼叫可能是爲了吸引雌鳥的注意。研究人員發現，雄鳥年紀越大，牠的顫音啼叫聲就會拉得越長，藉此展現自己的魅力。

雄鳥的啼叫聲拉得很長，就表示牠的「體格」很棒。有一項理論指出，年紀較大的雄鳥其啼叫聲也比較長，是因爲牠們的身體狀態較佳，這可能是因爲牠們

⊙壯麗細尾鷯鶯：學名*Malurus cyaneus*，主要分布在澳洲東南沿岸以及塔斯馬尼亞島，不過兩處為不同亞種，澳洲大陸上的品種體形比較小羽毛色澤也較淡。壯麗細尾鷯鶯的雌雄異形十分明顯，雄鳥的繁殖羽為亮眼的琉璃藍配上黑色，主要是尾羽及頭、胸、背等處。雌鳥、幼鳥則是黃褐色，下身較淡。這種鳥會形成長期的配對關係，不過卻一直會和固定伴侶以外的其他異性交配。

是身經百戰的尋找食物高手，或是因爲牠們比較善於處理壓力。

研究人員說：「我們不了解細尾鷯鶯的啼叫聲如何隨著年紀增長而日益進步。但無論其原因爲何，由於年長的雄鳥展現出較強的生存能力，因此如果雌鳥可以和比較年長的雄鳥交配，或許就能獲得較多的好處，對雌鳥來說，雄鳥的年紀或許是一種額外的品質保證。」

他們又說：「如此看來，壯麗細尾鷯鶯在清晨時的鳴叫或許有雙重目的，包括向其他雄鳥宣示自己的地位，以及向雌鳥展現雄性魅力。」

鳥類的數量

麻雀看到都市住宅越蓋越多，恐怕高興不起來。

根據研究人員表示，家麻雀（House Sparrow，學名Passer Domesticus）似乎不喜歡太多的房子。他們發現，當城鎮裡的花園與綠地變成住宅之後，鳥類的數量便迅速地減少，就連一向吱吱喳喳、活力充沛的雄麻雀也不能倖免。

研究麻雀的科學家發現，如果某個地區有花園，當地的麻雀數量就會成長三倍；他們表示，爲了保護麻雀，人們必須保留綠地。

研究人員指出：「人們對住宅的需求日益增加，因此市民農場以及住宅區的綠地規劃似乎備感壓力，要在都市地區開闢一塊綠地更是難上加難。想拯救生活在都市裡的家麻雀，就必須保護牠們的主要棲息地。」

在歐洲許多地方，家麻雀的數量正日益減少，這種情況在都市地區尤其嚴重。根據英國皇家鳥類保護協會（Royal Society for the Protection of Birds）的資

▶ 市民農場（allotment）是英國推行已久的一項政策，由政府提供耕地，讓符合資格的居民來耕種。

料顯示，自一九七〇年代中期以來，麻雀的數量已經減少了六〇%，這種情況在英國東南部以及大城市的中心特別嚴重，包括倫敦、愛丁堡和格拉斯哥。據估計，目前成對麻雀的數量約爲六百萬到七百萬對之間。

科學家認爲，家麻雀數量的減少是一大隱憂，因爲牠們是少數幾種能與人們近距離生活在一起、而且還能蓬勃繁衍的鳥類，甚至在城市的中心也經常能看到牠們的身影。

令人不解的是，根據英國環境、食品暨鄉村事務部（Department for Environment, Food and Rural Affairs）的報告，威爾斯（Wales）和蘇格蘭地區的家麻雀數量似乎有增加的趨勢，鄉村地區的住宅以及庭院也出現許多家麻雀；研究人員表示：「家麻雀數量減少的情況在郊區和都市庭園最爲嚴重。由此看來，鄉村地區的綠地與花園或許是這種鳥類最喜歡棲息的地方。」

儘管有一些理論可以用來解釋家麻雀數量減少的情況，包括家貓與雀鷹的掠食、開發輕污染閒置地而導致雜草種子短缺、污染與疾病等等，但是，我們仍然不清楚都市地區家麻雀大量減少的確切原因。

在這項研究中，研究人員表示，由於人們對於都市地區的家麻雀以及牠們的棲息地所知甚少，於是他們便在英國人口密度相當高的都市地區隨機選擇了一千兩百二十三塊地（每個位置的面積爲五百公尺見方）進行觀察。

活潑的雄性家麻雀和所有家麻雀的數量分開來計算，結果顯示，住宅區、市民農場以及農舍這三個因素最能反映出兩者的數量變化。

研究人員說：「在住宅區當中，有私人庭院的地區其家麻雀的數量比沒有私人庭院的地區多了將近三倍。」

分析結果也顯示，當一小部份的私人庭院被改建爲住宅時，家麻雀的數量就會大幅下降。

此外，有一項研究顯示，目前英國的貓咪數量已經高達九百萬隻以上，因此，「害怕被貓攻擊」或許也是都市地區的歐椋鳥（starling）和麻雀數量減少的原因，事實上，因心懷恐懼而移居他處的鳥可能和被貓殺死的鳥一樣多。

雖然大多數的研究都把注意力集中在貓對鳥類的獵殺，但是新的研究卻指出，這種恐懼感（或是所謂「幾乎要致命的作用」），可能會影響鳥類的覓食方式與繁殖，並進而造成鳥類數量銳減。

那些有著美妙叫聲的鳥類更是處境堪慮，在某些地區，貓的數量遠遠超越了鳥類，甚至達到了三十五隻貓對一隻鳥的情況。

研究人員說：「我們的研究結果顯示，這些『幾乎要致命的作用』或恐懼作用，可能會對都市裡的鳴禽造成重大影響。在英國，目前家貓的分布密度要比以往更高，雖然鳥類被貓攻擊而致死的比率很低、但『幾乎要致命的作用』卻會讓

▶ 椋鳥：雀形目（Passeriformes）掠鳥屬（Sturnidae）鳥類的總稱，尤其是指歐椋鳥（*Sturnus vulgaris*）。歐椋鳥體長約20公分，翼展40公分，羽色為間有紫或青的亮黑色，並有白色斑點。歐椋鳥喜歡住在城鎮或郊區，人造建築物和樹木可提供安穩的築巢及育雛地點。

鳥類的繁殖率降低，而即使繁殖率只有稍微降低，都會進而導致鳥類大量減少，有時候，減少幅度甚至可能高達九十五％。」

鄉村地區與都市地區鳥類數量普遍降低的情況，已經持續了好一段時間。過去三十年來，歐椋鳥和家麻雀等品種在英國都市地區的數量減少了六十％。目前的解釋包括昆蟲減少、築巢地點難尋以及家貓攻擊等等。

在新的研究中，研究人員表示，貓對鳥類的獵殺或許不是鳥類數量減少的主要原因，他們說：「掠食者會多方面影響獵物的數量，除了直接獵殺之外，牠們也會使得獵物的行為出現變化，例如覓食方式與棲息地的改變。這些效應造成鳥類減少，其數量遠遠超過實際上被貓殺死的犧牲者。」

研究人員探索家貓是否會影響鳥類的繁殖率；這份刊在《動物保育》（*Animal Conservation*）期刊中的報告指出，目前英國國內共有九百二十萬隻貓，在過去四十年來，貓的數量平均每年增加十二％。

從這個結果看來，雖然某些用來防止貓咪獵殺鳥類的策略成功了，但是那些讓貓咪看起來更招搖的方法卻可能適得其反。

有些方法是讓貓咪戴上鈴鐺，好讓鳥類能警覺到貓咪的存在。

跟企鵝說話

在極端低溫、海面凍結的環境中，研究人員模仿企鵝交配時的叫聲，只爲了尋找一個答案，那就是「企鵝究竟是如何在一大群同類中找到自己心愛的另一半？」

麥哲倫企鵝（Magellanic Penguin）從海裡帶食物回到岸上的時候，身邊圍繞著數百隻、甚至幾千隻近乎一模一樣的黑白色大鳥，而且每一隻都發出吵雜的叫聲，牠們要如何辨認出伴侶在哪？

研究人員似乎發現了一個答案：企鵝可以追蹤其伴侶與小企鵝的叫聲、並對其他企鵝的叫聲充耳不聞。

華盛頓大學（University of Washington）的研究人員說：「實驗結果明白顯示，不論是成鳥或幼鳥，麥哲倫企鵝在繁殖環境中，主要都是以聲音來辨識彼此。」

在研究中，科學家把每一隻企鵝的叫聲都錄下來，再重新播放，看看企鵝能不能認出這是誰的聲音。一連串的實驗裡，研究人員將每隻企鵝附近的同伴、陌生的企鵝以及牠們伴侶的叫聲錄下來，分別播放給正在孵蛋的母企鵝以及牠們的伴侶聽。

結果顯示，這些企鵝能夠在一片吵雜的叫聲中，認出牠們另一半的聲音。企鵝能不能找到自己的伴侶是很重要的，因爲牠們共同擔負撫育下一代的責任，因此當其中一隻企鵝帶食物回來時，必須找到自己的伴侶並與牠分享。

當父母不在身邊時，小企鵝就會到處亂跑，因此對牠們來說，能不能回到家人身邊也是很重要的。小企鵝必須能夠認出父母親的叫聲並回到巢穴，否則牠們就會錯過重要的餵食機會。

研究結果顯示，等著爸媽帶食物回來的小企鵝會強烈地回應父母親的叫聲，相較之下，牠們對於其他成對企鵝的叫聲就沒什麼反應。對小企鵝來說，能不能認出自己的父母親是非常重要的，因爲如果小企鵝認錯了爸媽，牠們很可能會遭受攻擊。

研究人員說：「這些實驗結果符合生態學之常理，因爲孵蛋的雌鳥很期待她的另一半能趕快回到巢穴、接替她的工作，所以只要一聽到伴侶的叫聲，即使聲音的出現時機不在她的預期內，她都會非常興奮，因爲這表示她的老公回來了。這是我們首次證實成年企鵝和小企鵝都能夠分辨出家人的叫聲。」

麥哲倫企鵝的研究計畫始於一九八二年，當初是因爲一家日本公司想要捕捉這些企鵝，用企鵝的毛皮來做高爾夫球手套，並取其肉與油脂給人們食用。

華盛頓大學的生態學教授布爾斯瑪（Dee Boersma）博士帶領一個小的研究團隊，在阿根廷最南端的湯波角（Punta Tombo）保護區進行企鵝研究。他們對企鵝進行個別追蹤與群體監測，並蒐集資料以規劃出有效的企鵝保護計畫，同時也試著了解企鵝能否成爲全球氣候變遷與環境健全程度的重要指標。

過去二十年間，布爾斯瑪博士和一些志願者利用一個像名牌一樣的標記區分湯波角島上的企鵝。他們在企鵝的鰭上安裝一個小的金屬片，上面刻有數字，當研究人員在沙灘上蒐集資料時，就可以透過這個裝置來分辨每隻企鵝的身分。自一九八三年以來，研究團隊已經爲五萬隻以上的企鵝安裝標記。

每年春夏，從九月開始到三月（南半球），企鵝會聚在一起繁殖下一代，這時候研究人員會走近每一個巢穴、觀察每一對企鵝如何撫育牠們的小孩。其中有少數幾隻公企鵝是研究人員心目中的「好爸爸」，牠們的身上另外安裝了衛星追蹤器，這樣一來，研究人員就可以追蹤公企鵝尋找食物的路線。

研究人員表示：「透過對企鵝的研究，我們能夠探知牠們在海裡的行蹤，也能知道爲什麼有些企鵝可以成功扮演好父母的角色，有些企鵝卻沒辦法好好地撫育下一代。」

▶ 麥哲倫企鵝：學名*Spheniscus magellanicus*，環企鵝屬，又名麥氏環企鵝，體重約4公斤，身高約70公分，主要分布在智利、阿根廷以及福克蘭群島，目前已知最大的集合繁殖地點是在湯波角（南緯44°02.4'，西經65°12'）。小企鵝孵化前，先由企鵝爸爸抱蛋，企鵝媽媽遠離覓食大約過15天之後返回接替；孵化後，則是父母輪流每天出去捕食再回來哺育，差不多需要如此持續一個月。

了解企鵝

牠們或許生活在冰天雪地之中，你可能覺得牠們在忍受寒冷，但是企鵝自有一套中央暖氣系統。

科學家發現企鵝的保暖方法非常有效，這個方法能把南極的零下低溫拉高到有如杜拜一般的溫和氣候。

根據研究人員表示，企鵝喜歡擠在一起，而這種習性可以將溫度拉抬到攝氏三十七．五度。

科學家說：「當皇帝企鵝（Emperor Penguin）擠成一團時，牠們就可以在地球最寒冷的環境中創造出一個有如熱帶的角落。」

皇帝企鵝是唯一在南極的嚴寒冬天繁殖下一代的鳥類，而且是由公企鵝負責孵蛋的工作，在這段期間，牠們還有幾乎六十五天無法吃東西。問題是要讓蛋孵育成功，溫度必須達到攝氏三十五度左右，然而此時南極的平均溫度只有攝氏零下十七度。

面對這種極端低溫，既沒有食物可以補充能量，就連保護身體的脂肪也快速消耗，在這種情況下只有一個辦法——抱在一起。

在一項新研究中，參與研究的科學家分別來自法國、日本與澳洲的研究機構，包括路易巴斯特大學（Universite Louis Pasteur）、澳洲南極署（Australian Antarctic Division）與日本國立極地研究所（National Institute of Polar Research），他們首次對擠成一團的企鵝進行研究，看看裡面究竟是怎麼回事。

他們表示：「繁殖期的皇帝企鵝會在寒冬禁食期間擠成一團，但從來沒有人研究過這種行爲的動態變化過程；這些企鵝在繁殖週期中到底會擠在一起多久，也尚未經探討。」

在這項研究中，科學家們針對一群生活在法屬南極領地阿德利蘭（Adelie Land）的企鵝，把各種搜集資料的儀器放在牠們身上；每到冬季，這裡都會出現大約兩千五百隻負責孵蛋的公企鵝。研究目的是要找出企鵝擠在一起的時間，以及牠們如何提高溫度。

結果顯示，公企鵝有平均三十八%的時間都是擠成一團，彼此依偎在一起取暖的時間會持續九十分鐘左右。牠們會到處移動，好讓每一隻企鵝都能有機會擠到最溫暖的核心地區。

▶ 皇帝企鵝：學名*Aptenodytes forsteri*，體形最大的企鵝，身高可達1.2公尺，活動範圍幾乎完全侷限於南極大陸沿岸；可潛入海中捕食將近20分鐘不用換氣，最深可達400公尺以上。皇帝企鵝是群居動物，每年四、五月間，成熟的皇帝企鵝會成群往內陸移動前往繁殖地，生蛋後的雌企鵝立刻又往海岸移動，攝食補充能量，期間留下雄企鵝在嚴寒當中抱蛋。這兩個月公企鵝的體重會減少約三分之一，差不多是12公斤。

牠們也會藉由簇擁的鬆緊程度來調節溫度，研究人員表示：「當企鵝緊緊擁在一起時，其間有十三%的時間，牠們周圍的溫度會達到攝氏二十度以上。周邊溫度最後會到達攝氏三十七．五度，接近企鵝的體溫。事實上，經過三十八次的緊緊簇擁，就能在不到兩個小時的時間內從攝氏二十度提高到攝氏三十七．五度。」

他們又說：「這種複雜的社會行爲讓所有公企鵝都能夠規律且平等地接觸到一個能讓牠們節省能量、並能成功孵育下一代的環境。皇帝企鵝的這種簇擁行爲，遠比人們之前所描述的還要複雜。」

在兩百零一次簇擁行爲中，多達十七%的嘗試可以讓周邊溫至少高於攝氏三十五度。

在配對以及孵育期間，企鵝能夠利用簇擁的鬆緊程度來調節暴露在外面的身體面積。儘管外面的氣溫平均只有攝氏零下十七度，但是透過這個方式，企鵝周邊的氣溫在繁殖期間大部份都能達到零度以上。

到底誰聰明？

以前，人們總是嘲笑鸚鵡只會做一些不經大腦的模仿動作，但是現在發現牠們不僅懂得加法運算、辨別形狀、解決問題、以類似幼童的方式溝通，還能辨認視覺幻象。

研究顯示，非洲灰鸚鵡不但不笨，牠們的思考能力並不亞於海豚這一類的海洋哺乳動物，也和人猿類不相上下。

研究人員表示，這項與鸚鵡智慧有關的新發現，將會改變人們對待籠養鸚鵡的方式，我們應該仔細想一想這個新發現所代表的意義。

美國布蘭迪斯大學（Brandeis University）的研究人員說：「不論是動物園或是一般家庭，飼主們都應該知道這些鸚鵡需要大量的腦力刺激與互動。我們發現，鸚鵡的溝通能力相當於兩歲小孩，但是牠們的加法運算以及辨別顏色與形狀的能力很接近五歲或六歲的小朋友。」

在研究人員測試過的鸚鵡中，年紀最大的那一隻能夠以英語說出五十種不同物品的名稱，並且說出七種顏色、五種形狀以及一到六的數字。此外，牠能夠辨識、要求、拒絕、並量化大約一百種不同的物品，還懂得使用一些句型，像是「來這裡」、「我想要……」、「我想去……」等等。

研究人員表示，這隻鸚鵡的數字理解能力相當於黑猩猩和幼兒的程度；測試結果也顯示，牠能了解大與小的概念，也知道什麼是相同、什麼是不同。

報告中提到：「從這些測試可以很明顯地看出，艾力克斯（鸚鵡的名字）表現出來的認知能力相當於海洋哺乳動物與人猿，某些方面甚至相當於一名四到六歲的小孩。這些測試結果顯示，非洲灰鸚鵡能夠解決許多認知方面的問題並學會講英文，牠們說話的方式也可以達到人類幼兒的程度。」

研究結果顯示，有關理解力的多項測驗中，鸚鵡答對的比例高達八十%以上。

參與研究的這些鸚鵡可以跟人類互動、向人類學習，現在除了加法之外，研究人員也針對牠們的減法運算能力進行測試。

這些學者說：「本研究不僅對研究人員很有價值，對於在動物園環境或當寵物養時要如何對待被圈飼的鸚鵡，同樣也深具啓發性。我們必須讓大眾認識並且感受到動物所具有的能力，特別是那些非靈長類以及非哺乳類動物。長久以來，

非洲灰鸚鵡：學名*Psittacus erithacus*，原生於西非及中非的雨林間，總體來說性情還算溫和，而且很容易學習人的說話，是相當受歡迎的寵物，也因而造成大量野生灰鸚鵡被捕捉銷售。牠們需要經常和飼主互動、陪伴，環境和飲食條件也更應注意，不然很容易會出現自啄羽毛的病態行為。

動物（尤其是鳥類）在人們眼裡一直都只是沒有靈性的畜牲，而不是有情感、有智慧的生物。」

研究人員表示，以往人們認為只有人類與其他靈長類動物擁有認知能力，如今這項研究證實鸚鵡也具有相同的能力。他們說，希望長期下來能將這些資料用來改善並豐富圈飼動物與寵物的生活。

灰鸚鵡艾力克斯正在接受理解力測驗。

北美紅鴨

牠們性慾過盛，而且牠們正在英國大量繁殖。從美洲引進的七隻喜好雜交、性慾強的北美紅鴨已繁殖出成千上萬的後代，如今，這些北美紅鴨已遍布歐洲二十幾個國家，對歐洲本土野生動物造成威脅，其中包括瀕臨絕種的白頭鴨。

基因鑑定的結果指出，今日這樣的局面，全都是因爲斯林布里奇（Slimbridge）的「野鳥與濕地保護協會」（Wildfowl & Wetlands Trust）在一九四八年引進北美紅鴨所造成的。當初繁殖出來的紅鴨有幾隻跑到外頭，並在英國還有別的地方大量繁殖。

研究人員表示，這項發現應能爲「大量降低紅鴨數量」這個備受爭議的計畫加一把勁。

有人認爲，很久以前就有各種鴨子自然地來到歐洲，例如其他的美洲鴨，因此，我們不應該刻意淘汰掉這種色彩鮮艷的鴨子而只保留白頭鴨。

但是，新的基因證據顯示，這些鴨子身上都擁有一些特殊基因、並且都可以回溯到斯林布里奇所引進的那七隻紅鴨。

這項結果發表於《分子生態學》（*Molecular Ecology*），研究人員是這麼說的：「我們的研究結果證實，目前歐洲的紅鴨群都源自於當時英國所引進的北美紅鴨，我們沒有發現任何證據顯示這些鴨子是最近才從北美洲遷徙而來，此外，牠們也不是來自歐洲與北美洲的混種紅鴨。歐洲紅鴨的基因變異性與最初引進的七隻英國鴨子十分吻合。」

研究人員表示，控制野生鴨群數量的方法已經在英國引起相當多的爭議，而且許多鳥類觀察家都很歡迎紅鴨這種有趣的外來品種。

波士頓大學（Boston University）的研究人員說：「那些反對控制紅鴨數量的人士認爲，紅鴨會在歐洲大量繁殖，有一部分原因是自然移入的品種所造成的。對於這個觀點，我們一點也不感到意外。」

爲了調查這種情況是否與北美洲自然移入的紅鴨有關，研究團隊比對了歐洲

⊙ 北美紅鴨：學名棕硬尾鴨（*Oxyura jamaicensis*），為鴨科，硬尾鴨屬。成年雄鴨呈鏽紅色，臉部白色，雌鴨則是灰褐色。原生於北洲，以湖泊沼澤為棲地，會遷徙過冬。

紅鴨與北美紅鴨的基因多樣性，接受比對的鴨子包括了目前生活在野鳥與濕地保護協會的北美紅鴨，牠們被認爲是當時那七隻斯林布里奇紅鴨的後代。

研究結果顯示，歐洲紅鴨的基因多樣性與來自北美的品種有著相當明顯的差異。

研究人員說：「我們的結果顯示，現在出現在歐洲的紅鴨族群，其身上的基因變異性只占該品種所有基因變異性的一小部份，因此，牠們必然都是從同一個小群體衍生出來。」他們表示：「一九四八年，斯林布里奇引進了七隻北美紅鴨，其中有四隻公鴨與三隻母鴨；在一九五三年到一九七三年間，大約有九十隻紅鴨後代從斯林布里奇流出。目前看來，現今散居歐洲與北非各地的野生紅鴨以及目前仍在歐洲的那些圈養紅鴨，似乎就是源自於這七隻北美紅鴨。」

研究人員又說：「由於北美紅鴨與白頭鴨從一、兩百萬年就區分成不同品種，而且我們目前已經證實這些紅鴨並非從北美洲自然移入歐洲，因此爲了保護白頭鴨，歐洲各國應該持續努力，防止紅鴨在各地擴散。」

白頭鴨：學名白頭硬尾鴨（*Oxyura leucocephala*），和北美紅鴨同為硬尾鴨屬；牠們和北美紅鴨的不同處在於：雄性成鳥的喙是藍色，雌鴨面部也是白色。本種已被列為瀕危物種。

到底誰才是小胖子？

看鳥類吃東西或許是一件很無聊的事，但是觀察者可能很有收穫。對養在家裡的虎皮鸚鵡（budgerigar）來說，肥胖問題是一項健康上的隱憂，而這個問題可能是由高能量飲食、吃得太多、運動太少以及拒絕飛行等等因素所造成的。

研究人員偷偷拍下肥胖的虎皮鸚鵡如何過生活，他們發現，這些胖嘟嘟的鳥兒不是飛去吃飯，而是用走的去覓食。研究人員把食物移得越遠，這些鳥兒就越懶得去吃飯，但是牠們會在每次吃飯時吃得更多，因此攝取到的熱量還是一樣多。

研究人員表示，唯一的解決方法或許就是在籠子裡放一些假的蛋與孵卵用的盒子，這樣一來，被雄鳥餵胖的雌鳥（在虎皮鸚鵡的求偶過程中，雄鳥會餵食雌鳥）就能消耗更多體力。

在研究報告中，來自伯恩大學（University of Berne）與葛洛寧根大學（University of Groningen）的學者表示，家庭飼養虎皮鸚鵡的肥胖問題相當嚴重，他們說：「肥胖是圈養虎皮鸚鵡常見的健康問題，家中所養的虎皮鸚鵡也常出現體重增加的情況。這可能是由許多不同的因素所引起，例如高能量飲食、吃得太多、運動量不足以及遺傳。肥胖會讓鳥類的身體發生問題，這些狀況很類似肥胖人類所出現的代謝症候群。

在研究中，研究人員將食物擺放在不同的位置與高度，並觀察如此改變是否會減少鳥兒的食物攝取量。他們分別在幾個不同的地點進行實驗，並拍下鸚鵡的舉動。接著，研究人員根據這些影像來分析虎皮鸚鵡的飛行活動、進食情況、行為以及體力的消耗程度。

研究團隊表示，如果我們能夠改善虎皮鸚鵡的飼養環境，讓牠們不容易變胖，就能提升虎皮鸚鵡的健康。但是研究結果顯示，這些鳥兒並沒有減少食物的攝取，而是改變飲食習慣，好讓體力的消耗程度跟以前一樣。

▶ 虎皮鸚鵡：學名*Melopsittacus undulatus*，原生於澳洲，頭羽和背羽有黃黑相間的條紋，因而得名。易馴服，籠養便利，人工育種培養出許多品系，全球各地均有大量飼養。

研究人員說：「當食物擺放在比較遠的地方時，鸚鵡每次的進食時間就會拉長，而且進食次數會減少。牠們調整進食的時間與次數，以便維持最低的體力消耗程度。此外，體型最笨重的鳥兒也表現出另一種應對方式，牠們不願意飛到棲木上，而是沿著籠子的鐵絲網爬上去。」

在繁殖期間，雌鳥的活動量會增加，因此研究人員表示，如果想要解決牠們的肥胖問題，或許可以在籠子裡擺放孵卵用的盒子來鼓勵雌鳥下蛋。

研究人員說，這個方法可以減少雌鳥的肥胖程度、甚至讓牠們不會變胖，但是他們又補充道：「爲了避免籠子裡過度擁擠，飼主可以把鸚鵡下的蛋移走，並在裡面放上假的蛋。以動物福利的觀點來看，我們目前還不知道這個方法將會引發什麼樣的結果。」

另一項由北卡羅來納大學（North Carolina University）進行的研究中，研究人員發現，連續一百天都吃高能量種籽的虎皮鸚鵡，其體重增加超過十%。

問題是，虎皮鸚鵡天生就有將體力儲存起來的習慣，牠們在野生環境裡根本就不可能變胖。跟站著不動比起來，虎皮鸚鵡在飛行時每分鐘會多消耗十一到二十倍的體力，但是圈養鸚鵡有九十四%的時間都在棲木上休息。

觀察胖胖鳥

英國的烏鶇（Blackbird）越來越大，這可能是全球暖化所造成的。鳥類觀察的結果顯示，烏鶇的體重正逐年增加，有人認為這是氣候變遷帶來的好處，因為天氣改變會使得蚯蚓在適當的季節出現。

雖然其他鳥類因為氣候變遷的關係造成體重減輕，但烏鶇反而越來越胖。劍橋大學與另外幾個機構合組的研究團隊表示：「跟其他溫帶鳥類比起來，烏鶇似乎因氣候變遷而受益不少，這可能是由於降雨的改變，使得烏鶇更容易吃到蚯蚓，這是烏鶇的主食之一。」

在一篇發表於《生態期刊》（*Oikos*）的研究中，動物學家們針對近年來英國境內的幾種鳥類出現體重減輕以及翅膀長度增加的現象進行研究，並調查全球暖化是不是導致該情況的元兇。

結果正如科學家的預期，他們發現，雖然大山雀（Great Tit）、藍山雀

（Blue Tit）、紅腹灰雀（Bullfinch）、葦鶯（Reed Warbler）與黑頂鶯（Blackcap）等鳥類的體重減輕，但令人驚訝的是，烏鶇的體重卻不降反升。

研究人員表示，烏鶇體重增加的原因可能是因爲牠們對於全球氣候變遷有不同的反應。

研究人員說：「短期的氣溫變化對烏鶇不會造成太大影響，但是降雨的改變確實解釋了牠們體重異常增加的現象，或許是因爲降雨情況改變，使得牠們可以吃到更多的蚯蚓。我們在烏鶇的體重與年雨量之間發現一種明顯的正向關係，這種關聯證明我們的假設是對的。」

研究人員認爲，體重的增加讓烏鶇和其他鳥類競爭時更具優勢，這對別種鳥類來說將是一個壞消息，因爲科學家發現烏鶇的棲息範圍已經擴大。

一八五〇年以前，烏鶇被認爲是一種棲息在森林裡的害羞鳥類，然而到了一九三〇年代時，牠們已經擴展到英國以及西歐地區的鄉村與郊區綠地，就連芬蘭與瑞典都能見到牠們的蹤跡。

▶ 烏鶇：學名*Turdus merula*，為雀形目鶇科（Turdidae）的鳥類，廣泛分布於歐亞大陸。牠們是雜食性動物，昆蟲、蚯蚓、果子都吃。雄鳥通體黑羽僅喙為黃色，眼圈亦為黃色；雌鳥則為灰褐色。烏鶇是瑞典的國鳥，其境內族群數約達一、兩百萬對。

鶴鶉的戀物癖

很多人都有戀物癖的傾向；可能是熱愛皮革、橡膠、塑膠、紙類、或是任何其他物品。

但是戀物癖究竟是如何產生的？它跟大腦的哪一個部份有關？更重要的是，如果想要戒掉這種癖好，應該怎麼做？

目前最受到支持的一種理論認為，戀物癖是一種行為方面的條件反射，根據該理論，如果在年輕時把某些物品跟性聯結在一起，以後這些物品以及任何與之相關的描述都會讓這人產生性方面的聯想。

可惜的是，由於很明顯的道德因素，研究戀物癖的科學家在研究性方面的條件反射作用時，只能以達到法定成年年齡的人為對象，但是當人類成年之後，他們的性偏好通常也已經定形了。

之前所做過的實驗，是讓大學生看一些中性的物品圖片，例如鞋子、銅板等等，並在其中穿插一些異性之間的性愛圖片，但是這些受試者並沒有出現難以抑制的戀物癖好。這可能是因爲這些大學生在性的發展上已經成熟。

於是，爲了找出這個問題以及其他問題的答案，土耳其伊斯坦堡大學（University of Istanbul）和美國德州大學（University of Texas）的研究人員把研究對象改爲鵪鶉。研究人員的目的是要看看他們是否能讓雄鵪鶉產生條件反射，並因此發展出戀物癖，至於要讓鵪鶉產生性聯想的物品則是尿布或是毛巾布。

所謂戀物癖（Sexual Fetishism），指的是把某種沒有生命的物品當成唯一或較能達到性滿足的方法。「這種無生命的物品會讓人一再且強烈地產生性方面的幻想、慾望與行爲」，而且這種偏好至少要持續六個月以上，才能稱爲戀物癖。

「與該物品進行性方面的互動來達到性滿足」是戀物癖的一項重要特徵。例如說，與伴侶進行性行爲時必須有該物品出現才能達到滿足，或是該物品有助於達到性滿足。

研究人員引導雄鵪鶉、讓牠們對毛巾布產生性聯想，他們的目的是要讓雄鵪鶉產生條件反射，讓牠們對毛巾布做出交配行爲。

爲了讓雄鵪鶉產生條件反射，研究人員先把毛巾布拿給雄鵪鶉看，再立刻讓牠們與雌鵪鶉交配。在鵪鶉的交配過程中，雄鵪鶉會先咬住雌鵪鶉的後腦勺，然後整個騎到雌鵪鶉背上，再用牠的泄殖腔與雌鵪鶉的泄殖腔彼此碰觸。

條件反射：又稱「反應制約」，最早由巴夫洛夫（Pavlov）用狗所做的實驗提出。原理是利用生物體原本就存在的「非條件刺激US－非條件反應UR」，把本來中性不會引起反應的條件刺激CS和US一起呈現，經過多次之後，生物就會「學習」到，最終僅有CS出現時就能導致相應的條件反射CR。

研究人員認爲，如果讓雄鵪鶉先接觸雌鵪鶉，接著再讓牠接觸柔軟的毛巾布（特別設計成雄鵪鶉可以咬住並騎上去的形狀），那麼雄鵪鶉就會把毛巾布與性聯想在一起，並且對毛巾布產生偏好。

在研究中，科學家們讓一組雄鵪鶉接觸雌鵪鶉與毛巾布，另一組雄鵪鶉則接觸雌鵪鶉和閃光燈。這樣一來，能刺激雄鵪鶉形成條件反射的物品，一個是裝滿柔軟聚酯纖維並讓雄鵪鶉可以做出交配動作的毛巾布，另一個就是閃光燈。

結果顯示，有一半的雄鵪鶉由於跟無生命的毛巾布做出交配動作，因此產生對毛巾布的戀物癖。事實上，當雌鵪鶉離開之後，雄鵪鶉還是一直做出交配動作。然而，沒有任何雄鵪鶉因閃光燈而產生性慾。

研究人員說：「我們認爲，雄鵪鶉與毛巾布交配的這種制約行爲，很適合當作研究戀物癖的動物模型，而這項研究結果中有幾個部份證實了我們的論點。首先，雄鵪鶉的性慾被一個無生命的物品挑起，這就是戀物癖的一項明顯特徵。其次，當雌性不再與牠交配時，牠仍繼續做出交配的行爲，這也是戀物癖的另一項明顯特徵。」

研究人員又說：「這個結果顯示，毛巾布變成雄鵪鶉性對象的一種替代品，就某種程度來說，這跟人類的戀物癖十分類似。」

研究人員表示，這些發現對於未來的研究有相當重大的意義。它們或許有助於找出戀物癖在遺傳學與生物學方面的成因。他們說，如果可以了解其神經機制，或許就能幫助我們進一步釐清戀物癖的形成過程。

在第二項實驗中，研究人員分別研究對毛巾布產生戀物癖的雄鵪鶉和沒有戀物癖的雄鵪鶉，觀察牠們與雌鳥交配時的表現，並且在雌鵪鶉下蛋之後將蛋孵化，以評估繁殖率。

研究結果顯示，有戀物癖的雄鵪鶉與雌鵪鶉接觸時動作會比較慢，牠們的交配動作也比較沒有效率。但是跟沒有戀物癖的雄鵪鶉比起來，牠們讓雌鳥成功受精的比例也比較高。

⊙ 鵪鶉：學名*Coturnix coturnix*，雉科（Phasianidae）鶉屬（Coturnix）鳥類。體長約15公分稍大，算是小型的雉雞類。《本草綱目》記載：鵪鶉具有「補五臟，益中氣，實筋骨，耐寒暑，清熱法」等功能，自古以來就被視為美味。現已有大量人工繁殖，市面上所謂的「鳥蛋」通常即為鵪鶉蛋。

5

克里夫·李察、和女巫溝通、女王，以及英國人的驕傲

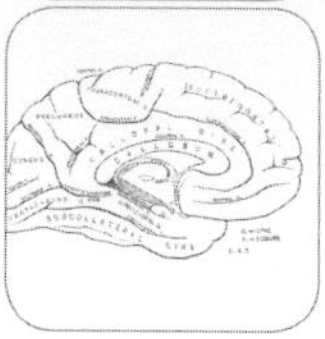

英國人的驕傲

越來越少人以身為英國的子民為傲。

現在，以身為英國人為傲的民眾已經成了少數，這種情況還是第一次發生，過去這二十五年來，不為自己國家感到驕傲的人數已經成長了兩倍。

在八〇年代初期，有六十%的英國民眾以身為英國人為傲，但是現在，只有四十五%的英國民眾為自己的身分感到十分驕傲，其中降幅最大的地方就在蘇格蘭和威爾斯。

大英帝國勢力的衰退、宗教式微、都市化與全球化與日俱增，都是英國民眾不再對自己的國家感到驕傲的原因。

進行這項調查的牛津大學（Oxford University）研究人員表示，老一輩的英國民眾對國家懷抱著強烈的認同感，但隨著該世代逐漸凋零，英國國內極有可能掀起一股獨立運動風潮。

研究人員說：「從我們的調查結果可以看出，以身為英國人為傲的民眾確實越來越少。跟一九八〇年比起來，如今一般英國人民顯然比較不會以自己的國家為傲。」

「導致國家認同感降低的主要原因不是英國人口結構的改變，而是新世代英國人的愛國情操已經改變。」

研究人員繼續說道：「就某方面來說，英國民眾對國家的認同感必然會持續降低，因為那些對自己國家感到非常驕傲的老一輩英國人正逐漸凋零，起而代之的，是對國家比較沒有強烈認同感的英國新世代。」

「有幾種理論可以用來解釋我們目前所見的狀況。過去，英國民眾的國家認同感乃是與大英帝國這塊招牌以及英國的國際地位連結在一起，如今，上述情況顯然已經改變。此外，英國社會也出現變化，包括全球化興起等因素或許都讓國家認同變得越來越不重要。」

在研究中，學者們根據各種不同的資料來源，調查一九八〇年代初期以來的英國民眾之國家認同感。

研究結果顯示，從一九八〇年代初期到目前為止的二十年間，對英國感到非常驕傲的人口比例從六十一％的高峰降到四十五％。認為自己對英國稍微感到驕傲的人口比例，則從三十三％增加到四十一％。認為自己不以身為英國人為傲的人口比例從六%的低點提升到十一%。

在英國，各個社會族群對於國家的認同感也有所差異，其中，新教徒、大學學歷以下、勞工階級以及中產階級最爲自己的國家感到驕傲。研究結果也顯示，跟英格蘭與威爾斯的居民比起來，蘇格蘭人比較不以英國爲傲。

研究人員表示，英國年輕世代所處的世界比前幾個世代更爲複雜，英國的國際地位也沒有特別重要，而且在多元文化與多民族的社會中，「英國人」這個身分不但變得較不明顯，更常常令人質疑。

研究人員說：「正因如此，英國的年輕人比較不會像老一輩的英國人那樣，在年輕時對國家產生強烈的認同感，並且終其一生都抱持這種態度。」

研究人員也發現，在柴契爾（Thatcher）政府時代初期，英國人的國家認同感並沒有降低太多：「在一九八〇年代，英國民眾的國家認同感降幅趨緩，當時，執政黨提倡國家主義，強調要重建一個強大的英國，這種情況非常符合『國家認同感是透過成長經驗的形塑而來』的解釋，對這個理論來說，成長過程中的政治環境尤其會影響人們的國家認同感。」

他們指出，威爾斯和蘇格蘭這兩個地方出現的民族主義運動，也挑戰英國人對國家的認同與情感，但是英格蘭地區則還沒有出現過類似的運動。

研究人員說：「其他地區的年輕世代，尤其是蘇格蘭地區的年輕人，似乎特

▶ 柴契爾政府：1979至1990，英國由保守黨首相柴契爾夫人（Margaret Hilda Thatcher, 1925-）當政，曾連贏三次大選。政策為推行貨幣主義，將國營企業私有化，減少經濟管制，並改革社會福利制度；她為抑制通貨膨脹而大幅調高利率，雖有成效，但失業問題仍未見改善，聲望極低。然而1982年阿根廷入侵英國控制之下的福克蘭群島，柴契爾即派兵遠渡重洋開戰，成功奪回主權，一時之間英國人的愛國熱情高張，政府聲望也大幅上升。

別能夠接受民族主義運動，這一類的民族主義運動爲人們提供另外可選擇的效忠對象，並因此導致各世代對英國的國家認同感出現了更大的差異。此外，蘇格蘭的年輕世代比較沒辦法接受不同型態的國家認同，由此也可看出各世代在國家認同上的歧異。」

學者們警告：「國家認同感的改變與所有的世代變遷都一樣，不可避免都會對未來產生影響。當那些對國家感到非常驕傲的老一輩英國人逐漸凋零時，把英國社會串連在一起的那股力量也會越來越薄弱。」

「這類民族主義運動是否能成功，完全要看政治情況如何演變，雖然政治情況是無法預測的；但是從調查結果看來，現在英國人的國家情感已經變得薄弱，並且再也無法用以前那種方式來對抗分離主義了。」

和女巫溝通

認爲自己是女巫的青少女和年輕女性，人數似乎越來越多。研究人員指出，與巫術或魔法有關的咒語書籍以及相關工具的銷售量暴增，另外，以年輕女巫爲對象、或是與年輕女巫有關的網站，就有七十萬個。

研究人員說：「我們以大學生爲調查對象，其中包括接受師資培養訓練的人；調查結果發現，近來認爲自己是巫師的年輕人口明顯增加。異教聯會（Pagan Federation）表示，他們一個禮拜就接獲數百個來自年輕人的查詢，以致他們要設立網站來回答這些青少年的問題。」

以上研究結果是依據與年輕女巫的訪談資料，報告中還指出，巫術最吸引女性的地方就在於它對女性的看法。英國巴斯泉大學（Bath Spa University）宗教研究領導者庫許教授（Denise Cush）在報告中表示：「異教與巫術之所以吸引人，就再於它們的女性主義觀點、以及不排斥同性戀者的立場。受訪的女巫都同意，異教與巫術吸引人的主要原因，就在於它們跟其他宗教比起來，對女性抱持正面的心態。」

據說在過去十年間，市面上出現許多與魔法有關的資訊，不僅容易取得，很多資訊更是以青少年爲對象。報告中指出：「我們不能低估網路對於傳遞青少年魔法的影響力。很多資訊並非針對年輕男孩，而是以青少女爲對象。但是在這個以女性爲主的『青少年巫師』現象中，也不乏年輕男孩參與。」

研究報告指出，市面上的一些咒語書以及巫術工具都是教人如何獲取金錢或是事業上的成就，甚至迫使別人的伴侶喜歡自己。

研究報告表示：「青少年巫術與容易取得的魔法資訊（不管是書籍或網站）同時暴增的現象，恐怕並非偶然。」

研究報告繼續說道：「這些人大部份都是靠自己的能力施法，而沒有參加什麼團體，他們會舉行一些儀式來加強自我的力量，或是藉由這些儀式來對付考試、友情以

及年輕女生常見的焦慮等問題。」

「這些人，不管是自稱爲巫師或者『異教徒』，全都認爲自己從青少年時期開始進行、並且持續好幾年的這條道路，是一條認眞嚴肅的宗教之路，同時也是表達自己的重要方式。」

「他們的動機似乎不是想要做個會耍白魔法的自私小人物，會選擇這條宗教道路還出自別的引人之處，那就是對自然環境與社會公義有所掛念。成爲一個巫師，表達不受世俗規範而且與眾不同的特殊身分。」

扣人心弦的克里夫

乍看之下，流行歌手克里夫．李察（Cliff Richard）似乎不太可能成爲學術研究的主題。

但是，任教於德國哈雷—威登堡馬丁路德大學（Martin Luther University of Halle-Wittenberg）、被認爲是國際上第一位研究克里夫．李察的社會學家與作家羅伯特（Anja Lobert）發現，克里夫不像外表所看到的那樣，他的背後其實藏有許多不爲人知的祕密。

羅伯特以嚴謹的態度首次對這名偶像歌手的工作與生活型態進行學術研究，她發現這位歌壇長青樹的表演方式宛如救贖者與救世主的化身，他與耶穌基督的相似處不容忽略。

研究報告指出，克里夫的歌詞、照片、表演時的燈光，以及他站在高高的舞台上看著台下一張張引頸期盼的臉孔，或是擺出聖經中的神聖姿態等舉動，再再加深他在眾人心目中的聖人形象。

研究報告表示，他永遠年輕的外表、不老的身體、清秀的金童樣貌、他對貧病族群所做的善舉、他的招牌白衫以及清純不引人遐想的模樣，全都勾勒出一副救世主的形象。

羅伯特在劍橋大學出版社《流行音樂》（*Popular Music*）期刊發表的報告表示：「克里夫．李察似乎樹立了一個始終一致的公眾人物典型，人們覺得他是一個值得交往的朋友、是一座通往快樂的橋樑，也就是以耶穌基督爲模範的人物。他的仁慈、永恆不朽與純潔的公眾形象，再加上他的歌詞、習慣動作以及拍照時慣用的打光角度與仰望方式，都很容易讓人把他聯想成一個救贖者。他與歌迷之間的關係似乎大部份都建立在救贖的迷思上，就好像是歌迷期盼能獲得他的救贖一樣。」

在這項研究中，羅伯特分析了克里夫的歌詞、官方照片、影音畫面以及其他的資料，此外她還訪問了一些歌迷。

研究報告指出，分析結果顯示他在歌詞中不斷重複出現有關救贖、不朽以及永恆的愛等主題，使得這個歌手成爲人們心目中一個永遠懂我、愛我、

克里夫．李察（1940- ）：出生在英國統治下的印度，父親是盎格魯白人，母親是印度人。1958年出道，演藝事業至今不墜，冠軍單曲高達14首之多。一開始走的是搖滾樂路線，被視為「英國的貓王」，後來宗教信仰讓他有所轉變，做流行音樂的同時也錄製福音歌曲、出席布道大會。1995年，克里夫成為第一位受封為爵士的搖滾樂手。上圖即為2009年單曲CD「Let me be the one」的封面。

值得依靠而且會幫助我的朋友。

研究報告對於克里夫的歌詞不斷使用第一人稱單數的方式表示質疑（例如〈讓我分擔〉（Let Me Be The One）這首歌曲），並指出其他歌手在歌詞中都不會這麼使用。

研究報告表示：「我們不知道克里夫是否只是像一個基督徒般藉由詩歌來傳教，或是他實際上想要把自己塑造成救世主的形象。」

報告中也說，克里夫有許多官方照片都帶有宗教意涵。他有一幀照片的姿勢爲：「展開雙臂、跟身體呈一百一十度角，並迎向太陽。」他的雙手手掌打開，他的臉整個沐浴在陽光下。這張照片的拍攝角度是由下往上、穿透一片蔚藍無雲的天空。

研究報告表示，克里夫在其他照片中張開雙手，就像被釘在十字架上的耶穌一樣。有些照片的姿勢，則像是里約熱內盧（Rio de Janeiro）著名的「救世基督像」。

⊙ 救世基督像：O Cristo Redentor，用滑石與鋼筋混凝土修建而成的耶穌基督像，位於巴西里約熱內盧市海拔770公尺的科可瓦多山（Corcovado）峰頂，雕像高30公尺，立在8公尺的基座上。1922年動工直到1931年才落成，是同類雕像中最高的，並入選「新七大奇觀」。

研究報告指出，在《讓我分擔》這張專輯的封面照片中，「照片所營造的視覺效果，讓這個歌手看起來就像在天空中、有如身處天堂一樣。照相機由下往上拍，更加強調克里夫的崇高地位與力量。在克里夫的許多宣傳物品上，常常可以看到這種兼具實質與象徵意義的放大影像手法。」

研究報告也描述克里夫在演唱〈記得我〉（Remember Me）這首歌時，穿著一襲白衫的他站在小小的升降舞台上、朝著天空緩緩升起，彷彿對台下觀眾許下承諾似地唱著：「記得我，我是你的守護天使，我永遠不會讓你跌倒。」

這份報告也列舉這位流行歌手在過去三十年來所做過的善事，特別是在第三世界發生的事，其中包括到印度加爾各答拜訪德蕾莎修女的垂死者之家（Home for the Destitute and Dying）。

此外，研究報告還指出，就如同人們認爲耶穌基督可以超越死亡，克里夫似乎也戰勝衰老這個自然過程。

報告中說：「克里夫．李察似乎將『拒斥死亡』加以具體化，從語義學的角度來看，這樣的行爲將讓人把他與耶穌聯想在一起。」

「在李察的形象中還有另一個要素，那就是他與「性」無關的純潔形象。不只是因爲他是堅決維持獨身生活的基督教基要派信徒，同時也因爲和其他歌手如米克．傑格（Mick Jagger）、湯姆．瓊斯（Tom Jones）以及貓王比起來，人們通常不會把李察與性感聯想在一起。」

「除此之外，在他的歌聲中也可以找到這種純潔的特質：他把聲音掌控得非常好、各個細節也非常完美，他的音質輕柔且溫和，他在唱歌時，從頭到尾都傳遞著令人欣慰的溫暖而不是讓人不安的焦慮，他的歌聲給人純淨的心靈感受，而不是充滿罪惡的縱情享受。」

「這些特色在語義學上明顯與耶穌類似：他終身未娶，而且他既不是性感的象徵，也不被認爲具有性吸引力或是個欲望渴求的對象。」

我們不知道克里夫爵士對這些評論有何看法，但是他很可能會藉由另一首暢銷金曲來表達自己的心聲：「然而我完全不是那樣。」

姓名遊戲

你喜歡亞曼尼或愛迪達這些設計師品牌嗎？那麼你是否曾經當過會計人員？如果是這樣，那麼你的名字當中很可能有英文字母「A」，而且你很可能是「姓名字母症」（name letter syndrome）的受害者。

根據研究人員表示，人們在選擇品牌、職業、城市，甚至選擇另一半時，如果其名稱的開頭跟他們自己的姓名縮寫有一個以上的字母相同，他們就特別容易受到吸引。

這項國際性研究當中有一百五十位英國人參與，據研究團隊的負責人哈德森博士（Gordon Hodson）表示：「『姓名字母效應』是指以自己姓名中的字母（尤其是姓氏和名字的縮寫）來評價事情的一種傾向，特別是作出正面評價。物品名稱縮寫如果跟人們的姓名縮寫相同，可能會讓人們覺得這就像是自己的東西一樣。」

這種傾向不只出現在選擇時尚品牌的時候。研究結果顯示，人們在職業與家庭生活的選擇上都會受到「姓名字母效應」的影響。研究人員發現，有很多修築屋頂（Roofer）的人其姓名縮寫都有R這個字母，而五金行（Hardware Shop）老闆其姓名縮寫是H的，比我們所認爲的還要多。他們也發現，聖路易斯市的居民中，名字剛好叫做路易斯的人遠比我們所預期的還要多。

然而另一項研究顯示，不論男性或女性，在選擇結婚對象時，都比較偏好那些姓氏縮寫與自己一樣的人。

在加拿大西安大略大學（University of Western Ontario）和布魯克大學（Brock University）所進行的研究中，心理學家觀察人們在選擇名牌時是否會受到「姓名字母效應」的影響。研究人員請受試者爲二十六個品牌評分，包括本田汽車（Honda）、耐吉（Nike）、美國鐘錶品牌天美時（Timex）等，每個品牌名稱都是以不同的字母開頭。評分表上共分爲九個等級，等到評量結束後，研究人員便統計受試者的名字縮寫與其最喜歡之品牌間的關聯性。

哈德森博士說：「研究結果發現，當品牌名稱的開頭字母和受試者名字的縮寫相同時，受試者就比較容易對該品牌產生明顯的偏好，這表示『姓名字母效應』確實存在。事實上，人們在選擇結婚對象與品牌時所出現的這種微妙結果，證明姓名縮寫對人們有著強大的影響力。」

其他研究人員也發現了同樣的姓名效應，例如加州大學的學者們就研究棒球選手的姓名與三振出局是否有關。三振出局在計分板上的代號是「K」這個字母，當研究人員分析了九十三年的棒球比賽結果之後，他們發現打擊者的名字如果是以「K」為開頭，這名打擊者被三振的比例就會比其他打擊者高。

在另一項研究中，研究人員針對學生的學業成績進行調查。根據十五年的大學畢業生資料，研究人員發現學生的名字開頭如果是「C」或「D」，他們的學業成績就會比名字開頭是「A」或「B」的學生低。

研究報告中指出：「名字縮寫是C或D的學生在學業的表現上稍微差了一點，這其中的原因可能是因為他們在無意間對這些字母產生了偏好。」

另外還有一項類似的研究發現，隨著法學院素質的下降，名字縮寫是A或B的律師人數比例也跟著減少。

紐約州立大學水牛城分校（University at Buffalo-SUNY）的研究人員發現，人們在選擇居住的城市時，也出現這種姓名效應。他們的研究結果顯示，人們在選擇居住地時，有超出隨機比率的人明顯偏愛那些名稱與自己出生日期相關的城市。

根據研究結果指出：「例如說，出生於二月二日（02-02）的人們，其中有超出隨機比率的人都是住在雙港城（Two Harbors）或這一類名稱的城市；生日爲五月五日（05-05）的人當中，也有高於隨機比率的人住在像是五點（Five points）城或名字跟五有關的地方。」

「其他的研究結果也顯示，像是姓名字母這一類可以產生自我關聯的事物，會影響人們對於居住街道與州別的偏好。舉例來說，在名字爲露易絲的女性中，有超出隨機比率的人住在路易斯安那州，即使她們不是在那裡出生。另外，在選擇結婚對象時，有超出隨機比率的人會選擇姓氏或名字縮寫和自己一樣的另一半。」

在另一項與姓名有關的研究中，倫敦經濟學院（London School of Economics）的研究人員針對學術論文作者的姓名字母順序進行研究，看看論文上的姓名次序是否會對作者的名聲造成影響。研究人員發現，教職員的姓氏縮寫如果是前面幾個字母（例如A、B、C等），這些人比較有可能會被高水準的研究單位聘用。

他們也發現，在學術論文中列爲第一作者有許多好處，這使得學者們會在姓名上動手腳，以獲取更有利的姓名位置。

▶ 作者排序：學術論文的作者如果不只一人，就會出現排名問題；通常是依其對於整個研究的貢獻程度排列，當然是排在越前面能見度越高。若是依姓名筆順排列（或字母順序），排在最前頭的那位也可能會被不明內情者誤以為是「第一作者」，是研究的主要執行人，因而享有較佳聲譽。學術界為爭論文的作者排序而生嫌隙時有所聞，最有名的例子，當數同獲諾貝爾獎的李政道與楊振寧拆夥之事。

探究計程車司機的大腦

成爲一位計程車司機如果不是讓你頭大，就是讓你的腦變大。

當科學家比較了計程車司機和公車司機的大腦之後，他們發現，計程車司機腦中與記憶有關的區域擁有較多的腦灰質。

科學家相信，海馬迴（hippocampus）中央偏後側的部位，就是計程車司機用來記憶倫敦地圖的腦區，其中包括兩萬五千條以上的街道，以及所有主要觀光景點的位置。

這項研究首度證實成人的大腦會因應特殊需求而成長。我們已經知道，當兒童在學習音樂或語言時，他們的大腦相關部位也會跟著發展，但是在此之前，我們並不知道成人的大腦也會出現這種現象。

在這項研究中，倫敦大學（University College London）神經醫學中心（Institute of Neurology）威康信託基金神經造影中心（Wellcome Trust Centre for

Neuroimaging）的研究人員對倫敦三十五位男性計程車司機和公車司機的腦部進行掃描，同時也進行了其他的心理測試。

研究人員之所以比較計程車司機和公車司機的大腦，是因爲他們同樣承受著開車的壓力、一樣要應付乘客以及倫敦的交通狀況，如此一來，若是兩者的大腦掃描結果出現任何差異，就一定不會是上述這些原因所造成。計程車司機和公車司機之間最大的差異，在於公車司機是按照固定的路線行駛，而計程車司機必須記住城裡的兩萬五千條街道以及數千個觀光景點的位置，才能拿到計程車的駕駛執照。

掃描結果顯示，所有計程車司機的海馬迴中央偏後側部位都比公車司機大，腦灰質也比較多。

研究人員說：「我們發現，跟倫敦的公車司機比起來，倫敦計程車司機的海馬迴中央偏後側部位有比較多的腦灰質，計程車司機也比較擅於辨認地標以及他們在城裡的位置。」他們又說：「獲得營業許可的倫敦計程車司機證明人類擁有不得了的導航能力，能夠在大城市錯綜複雜的空間結構中找到方向。我們的研究結果顯示，由於計程車司機必須記住大量資訊，因此他們的海馬迴後側部位出現了較多的腦灰質。」

研究人員也發現，在計程車司機大腦的另一個區域，其腦灰質略爲減少，但

▶ 海馬迴：解剖名hippocampus，位於大腦顳葉的皮質層下方，右左各一互為鏡像，因其形狀類似海馬而得名。海馬迴被歸為大腦的邊緣系統，和記憶有關，研究發現海馬迴中會有特定的細胞因經過某地點而活化、放電，被稱為「地點細胞」。

是目前科學家仍無法解釋這種狀況。

領導這項研究的麥奎爾博士（Eleanor Maguire）說：「這是一項有趣的研究，因爲它比較了同一個地區、面對同樣交通狀況與開車壓力的兩種職業駕駛人員。雖然兩組受試者有上述的眾多相同之處，我們仍然發現兩種司機的腦子明顯不一樣。」

「我們推測，這個大腦區域就是他們用來記憶倫敦地圖的地方。我們知道這個腦區對導航來說相當重要。特別的是，這些改變竟然出現在成人身上，其中可能具有相當重大的意義。我們目前正在研究未受訓練之前的計程車司機以及退休計程車司機的大腦，看看他們的海馬迴腦區會不會因爲缺乏使用而變小。」

然而科學家警告，全球衛星定位系統的誕生將會改變這一切。新的計程車司機如果不學著辨認路線與地標，而是仰賴全球衛星定位系統帶路，那麼他們的大腦海馬迴還是跟一般人沒什麼兩樣。

麥奎爾博士表示：「全球衛星定位系統可能會帶來相當大的影響。我們非常希望計程車司機不要使用這種導航系統。我們相信這個腦區的腦灰質之所以增加，正是因爲計程車司機需要記憶大量的資訊。」

她又說：「如果他們都開始使用全球衛星定位系統，這個大腦資料庫就會變小，而且很可能會影響到我們目前所觀察到的這種大腦變化。」

▶ 中樞神經系統的重要組成單元是神經細胞，神經細胞又可分為細胞體以及伸長的軸突及樹突；巨觀而言，腦灰質是細胞體集中之處，例如像是大腦皮質，腦白質則是大量的軸突髓磷質。

足球前鋒的身材真的很好

沒錯，前鋒跟守門員是足球隊裡面最帥的，而且，有某些科學家自認為已經了解箇中緣由。

科學家針對職業球員的臉孔進行研究，他們發現，一直以來女性都認為前鋒與守門員比其他球員（尤其是後衛球員）更有魅力。根據科學家表示，這是因為前鋒與守門員的臉顯露出運動的才能。一般認為，與生俱來的帥氣臉龐，再加上健壯的身體，才能擔任前鋒與守門員的位置。

在研究中，七十多位女性對足球員的臉部照片加以評分。其中有些球員曾在媒體上出現過，為了避免受試者認出他們並影響評分，這些球員的評分結果不予列入。

荷蘭皇家文理學院（Royal Netherlands Academy of Arts and Sciences）與葛洛寧根大學的研究人員說：「這項研究的關鍵結果，就是女性認為前鋒與守門員的臉孔比後衛球員的臉孔更有吸引力。」

研究人員表示這個結果符合某一種理論，那就是不同守備與進攻位置的球員需要不同生理與心理特質，而前鋒與守門員所需要的，就是那些能夠反映出與生俱來之健康條件的特質。

研究人員說，因為守門員的任務就是防止對方球員射門得分，因此他們必須身手矯捷，同時必須承擔得起受傷的風險。前鋒球員的首要任務則是突破重圍並射門得分，因此他們的動作必須快速且具有創意，同時要有更大的爆發力。另一方面，後衛球員需要強大的耐力，但是身手不必太靈敏，也不需要太多的自發性創意。

該理論認為，如果人們天生具有敏捷、勇氣、創意與動作的自發性等特色，那麼他們很有可能也擁有另一項健康的象徵，那就是好看的外表。

研究人員認為這項結果非常值得注意，他們說：「研究結果與我們的假設相符，也就是說，由於不同的生理與心理需求，因此守門員與前鋒的位置更需要與生俱來的健康優勢。」

研究人員也針對職業冰上曲棍球員進行了類似的研究，而且獲得了完全相同的結論。

他們表示，這些結果提出許多議題值得進一步探究，例如說，「由於對稱也是體力良好的一種象徵，因此守門員和前鋒的體格是否會比他們的隊友更加對稱？」

更讓人好奇的是：「對女性（特別是正處於排卵期的女性）來說，他們散發出的體味是否更具魅力？」

我們說的英語跟女王說的一樣

很多人可能會認爲聽英國女王發表聖誕節致辭是一件很煩的事，但是對哈林頓教授（Jonathan Harrington）而言，這幾乎可以說是他的生活方式。

他分析的倒不是女王的談話內容，而是她說話的方式，尤其是她的母音發音。哈林頓教授的其中一項發現，就是女王已經開始講河口英語（Estuary English，即倫敦腔），這是一種混合了標準英語（如英國廣播公司播報新聞時所用的口音）和倫敦土話的英語口音。

生活在白金漢宮（Buckingham Palace）的女王跟倫敦舊市區民眾的階層或許天差地別，但是根據這項研究指出，女王的一些母音發音已經稍微偏向社會較低階層使用的河口英語。

在這項研究中，哈林頓教授仔細地分析五十年來女王向全國民眾發表的聖誕節致辭，他發現，過去這半世紀以來，女王的口音出現了變化。在研究過程中，哈林頓教授率領的研究團隊逐一分析女王在這五十年來的聖誕節致辭，並加以數位化且相互比對。他們特別針對女王的母音發音進行分析，看看過去半世紀以來，女王的母音發音是否出現變化。

一九五〇年時，女王最愛說「聖誕快樂」（Happy Christmas），如今「happy」的發音變成了「happee」、「dutay」變成「dutee」，原本「hame」的發音現在變成了「home」。

在德國慕尼黑大學（University of Munich）擔任語音學教授的哈林頓教授說：「女王在使用這些母音時，她的發音方式變成河口英語的口音。通常，只有小孩子才會有這類母音發音的變化，一般認爲，一個人的口音通常在成年之後就定型了。然而，這些變化顯示事情並非如此，因爲當社會大眾的口音出現變化時，女王也跟隨潮流、改變了她的口音。」

「在倫敦地方口音的影響下，河口英語同樣出現了這些改變。很明顯的，女王的口音仍然與倫敦地方口音不同，但是她的口音已經略微偏向一般社會大眾才會使用的腔調。」

「這項改變同時也反映出過去五十年來英國社會結構的變化。在一九五〇年代，當時英國各個社會階層之間的區隔比現在更爲明顯，各階層的口音也非常不一樣。自此之後，社會階層之間的分野就變得越來越模糊，口音的差異也逐漸淡

⦿ 自1952年開始，伊莉莎白女王即援例透過電視台（原為BBC獨占，後與ITN隔年輪播）在耶誕節下午發表預錄的賀歲談話，其間僅1940年暫停一次。此例最早是由她祖父，喬治五世，在1932年透過「BBC全球廣播」前身「帝國廣播電台」發表耶誕節談話。

化。五十年前，任誰都沒想到女王的英語竟然會受到倫敦地方口音的影響。」

哈林頓教授總結說：「這項研究最重要的結論，就是成人的口音在社會潮流的影響之下確實會因時而異，而且任何人都沒辦法抗拒這種轉變。」

這項研究結果也顯示，女王的聖誕節致辭長度平均爲五分鐘三十六秒。最短的一次致辭是在一九五九年（只有六十一秒），最長的一次是在一九五六年（爲八分鐘二十一秒）。

6

戀物癖、一夜情、大小真的很重要

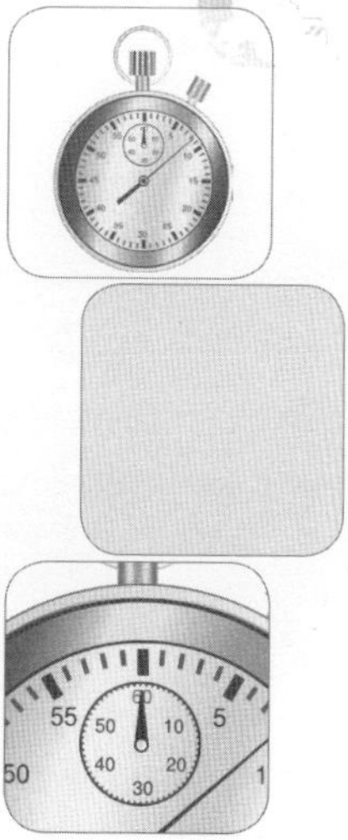

讓性行為的美妙提升五倍

跟另一個人做愛所獲得的滿足感要比自己解決好很多，這大概是不言可喻，但是我們要如何測量其中的差異？如何得知與伴侶做愛的感覺到底有多好？此外，爲什麼做愛對健康有益，但是自慰就沒有這種好處呢？

爲了回答這一類似乎很重要的問題，研究人員找來一些受試者，並且將他們與伴侶做愛或是自慰時的狀況記錄下來。

在實驗開始前，研究人員先在受試者的手臂血管植入一根靜脈插管（很細的導管），接著受試者就在實驗室進行性行爲，在一個小時之內，靜脈插管每隔一分鐘就會從受試者身上取得少量的血液做爲樣本。研究人員把抽血要用到的幫浦設在隔鄰房間，以便在不干擾受試者的情況下蒐集這些血液樣本。

這項研究在德國漢諾威醫學院（Hanover Medical School）裡進行，研究人員在事前先徵詢所有參與研究的受試者，以確保他們同意在實驗室裡進行性行爲，接著將受試者分爲三組，一組是與另一個人做愛，另一組進行自慰，第三組則是什麼事也不做的對照組。

在自慰組中，受試者在獨立的空間裡一個人看著性愛影片並進行單獨的性行爲。性交組的受試者，則是和他們的伴侶一起在實驗室觀賞性愛影片。至於對照組那些不幸抽到短籤的人，則是靜靜地坐在實驗室裡觀看與性愛無關的紀錄片，和伴侶之間也沒有任何的肢體接觸。

實驗進行時，研究人員在相鄰的實驗室監測男女受試者的情況，同時鼓勵受試者在達到高潮時要大聲叫出來，好讓叫聲能透過實驗室的對講機傳送出來，以便做紀錄。

在實驗過程中，研究人員對受試者所傳來的血液樣本加以分析，分析的重點在於一種稱爲「泌乳激素」（prolactin）的荷爾蒙。我們已經知道，泌乳激素的濃度如果升高，就會造成性慾降低；研究人員發現，當婦女在哺乳時，她們體內就會產生高濃度的泌乳激素。另外，罹患泌乳素瘤（prolactinoma）或是腦下垂體腫瘤的男性或女性，其體內會產生大量的泌乳激素，因此他們的性慾會大幅減退、甚至完全沒有性慾。

當人們達到性高潮之後，腦下垂體就會分泌泌乳激素、造成性慾降低。只有在達到性高潮時，泌乳激素才會釋出，科學家並認爲，它是透過多巴胺

（dopamine）在腦中的調控機制來造成性慾減退。研究也顯示，如果性行爲帶來的愉悅感與滿足感越強烈，這種荷爾蒙的濃度也會越高。

這項研究的其中一項目標，就是觀察自慰或是與伴侶做愛這兩種行爲哪一種會產生較多的泌乳激素。研究人員認爲，性高潮後所分泌的泌乳激素濃度就代表性行爲所帶來的愉快與滿足程度。泌乳激素的濃度越高，就表示人們對這段經歷感到越滿意。

實驗結果顯示，兩性交媾並達到性高潮後所產生的泌乳激素濃度，遠比自慰之後所分泌的濃度還要高。事實上，前者的濃度比後者高了五倍。

有一項理論認爲，這是因爲男女在從事性行爲時，生理與情感方面都會出現複雜的變化，導致腦內化學物質改變，例如像是多巴胺的濃度出現變化，讓泌乳激素的濃度提高。

我們早就已經知道規律的性行爲有益健康，但是現在我們仍無法解釋其中的原因。舉例來說，科學家已經證實年輕的成年人與伴侶做愛的次數越頻繁，就越能增進他們的心肺功能，但是其他的性行爲就沒有這種優點。

跟一年只做愛十次的女性比起來，一個月至少做愛三次的女性其陰部較爲健康。研究也顯示，對男性來說，如果做愛次數較多，他們血液中的平均泌乳激素濃度也會比較高。

泌乳激素（prolactin）：由大腦下視丘的神經內分泌細胞製造之蛋白質激素，主要的功能是負責調控乳腺生長發育並刺激泌乳；除了乳腺之外，心臟、肺臟、腎臟、腎上腺、骨骼肌、皮膚等處也都有泌乳激素的受體。多巴胺和泌乳激素的作用互相抗拮，前者與性興奮有關，後者則被認為會導致性行為的不反應期（尤其是男性）。

研究人員表示，從這項結果看來，做愛之所以能夠增進生理與心理的健康，其中一個原因很有可能是因爲腦中所釋出的泌乳激素較多所致。

當漢諾威研究團隊在研究做愛的好處時，其他科學家則是在研究人們爲什麼要做愛，並且找到了兩百三十七種理由。

儘管對許多人來說，感受到愛與受到吸引是進行性行爲的關鍵因素，但是對其他人而言，做愛的理由包括能夠與上帝更接近、爲了升遷、報復，甚至是爲了擺脫頭痛才做愛。有些人認爲做愛是打發無聊時間或是燃燒熱量的有效方法，然而有些人做愛是爲了讓身體保持暖和、幫助入睡，或是爲了解除一天的壓力。

針對性慾的一項最大規模研究顯示，跟女性比起來，男性更容易因爲視覺上的刺激而引發性慾。

研究人員說：「我們找到兩百三十七種不同的做愛理由。到目前爲止，這或許是最大規模探尋人們做愛原因的一項研究。」

在這項研究中，美國德州大學（University of Texas）的心理學家找來兩千個以上、年齡介於十七到五十二歲的男女受試者，要他們回答自己想要做愛的理由，或是否聽過認識的人說他們爲什麼要做愛。

研究人員說：「研究『人們爲何要做愛』是一項非常重要的課題，但令人驚訝的是，這個題目竟然沒有什麼人做。科學家們之所以會忽視這個題目，或許是因爲他們認爲這個答案顯而易見，那就是體驗性行爲的快感、滿足性方面的渴望、或是爲了生小孩。」

雖然對男性或女性來說，做愛的主要原因是受到對方的吸引，但是某些人的做愛理由就顯得很「另類」了。研究人員列出的兩百三十七種理由中，每一種至少都有一位受試者給予最高評分。

心理學家表示：「最多受試者選擇的那些理由，就是多數人最常引發慾火的主要原因，其中包括：受到吸引、感到愉悅、愛慕、愛情、浪漫的氣氛、親密的情感、慾望的驅使、爲了討好對方、爲了追求刺激的感受、興奮、爲了體驗、爲了促進彼此關係、爲了慶祝、好奇以及把握機會。」

「某人眼中毫無誘惑力的理由，卻可能最容易引發另一個人的熊熊慾火。幾乎每一種原因都有人給予最高評價，認爲那就是引發他們性慾的主要原因。」

戀物傾向

腳和鞋子不只是用來走路而已。

腳、腳趾、還有穿戴在腳上的物品，最容易引起人們的性愛幻想。忘了小腿、臀部、胸部和大腿吧，只有腳才能讓人怦然心動。

一項歷時最長、規模最大的戀物傾向研究顯示，看到腳就會興奮莫名的人比迷戀頭髮的人多了七倍，而看到腳上穿戴的物品（包括鞋子和襪子）就會心跳加速的人，比瞄到內衣就呼吸急促的人多了三倍。

研究人員表示：「腳以及那些與腳部相關的物品，是最爲普遍的迷戀對象。其中，腳和腳趾、襪子和鞋子最受人喜愛。這是科學家第一次針對各種能夠刺激性慾的物品所進行的大規模偏好調查，受試者則是來自世界各地的眾多戀物愛好人士。」

這項國際性的調查，主要是針對男性與女性對物品的偏好，調查結果也揭露了一些令人難以理解的迷戀對象，包括有一百五十人著迷於助聽器的魅力，還有兩名受試者一想到心律調整器就心跳加速。

這項大規模的研究發表於《國際性功能障礙研究期刊》（*International Journal of Impotence*），研究人員表示，人們對戀物傾向所知甚少，現存的資料大多來自精神病患者、性犯罪者以及陽痿病患等醫療方面的案例。

這項研究的目的是要調查普羅大眾的性偏好，而不是針對「戀物癖」進行醫療案例研究。

義大利波隆納大學（University of Bologna）的研究人員說：「一般來說，戀物傾向指的是人們因某些物品的刺激而產生性慾，但是這種迷戀程度還不到戀物癖的診斷標準。在很多情況下，人們只是藉由這些物品來增進情趣、或是提高滿足感，並不是沒有這些物品就性趣缺缺。」

「我們使用『戀物傾向』一詞來表示人們在性方面的偏好，但我們只將它視為一個普通的名詞，它的範圍也比精神病學對戀物癖的定義更廣泛，因此兩者不應混為一談。」

在研究中，心理學家從旁觀察網路上的戀物者專屬聊天室。他們表示聊天室的成員多達十五萬人，但參與研究的人數大約為五千人左右。

研究人員根據談論每一種迷戀事物的聊天室數目、聊天室成員人數以及每個月的對話訊息總數，估算出每一種戀物傾向的相對頻率。

結果顯示，人們最常對身體部位或特徵以及與身體相關的物品產生偏好（分別爲三十三%與三十%），其次是偏好其他人的行爲（十八%），接下來是自己的行爲（七%）、社會行爲（七%）以及與身體無關的物品（五%）。

有關對身體部位產生性偏好的研究結果顯示，對腳和腳趾產生性迷戀的頻率爲四十七%，相較之下，人們對體液和體型產生偏好的頻率爲九%，偏愛頭髮的頻率是七%，喜歡肌肉的頻率是五%，對刺青這一類身體上的改變產生偏好的頻率是四%，對性器官的偏好佔四%，對肚臍的偏好是三%，胸部也一樣，另外，對腿部、臀部、嘴巴、唇部和牙齒的性迷戀頻率爲二%。

至於毛髮、指甲、鼻子、耳朵、脖子以及體味的偏好頻率，統統不到一%。

另一項分析中，研究團隊調查人們對身體相關物品所產生的性偏好。人們對腿部與腳部相關物品的偏好程度合計爲六十四%，相較之下，對內衣褲的偏好程度爲十二%，對外套產生偏好的只佔九%。

偏好程度最低的則包括：聽診器、手錶、手鍊、尿布、助聽器、導尿管和心律調整器。

研究人員說：「這些研究結果爲我們所知甚少的領域建立了第一個大型資料庫。」

然而，科學家仍然不清楚人們爲什麼會發展出對物品的性偏好，也不知道這些性偏好究竟是如何產生；研究人員表示，儘管有許多理論提出解釋，但是目前還沒有任何一個理論能讓人完全信服。

其中有項理論，認爲人們在性方面的偏好是一種遺傳傾向，但是研究人員說：「人們不太可能因爲某一種遺傳特性的影響，就對某種特定物品產生性偏好，例如我們所發現的外套、氣球、眼鏡或是耳機等等物品。」

人們在年輕時候的經歷或許跟性偏好有關，佛洛伊德也曾經對此提出一套理論。「佛洛伊德注意到人們對腳有很大的興趣，他認爲這是因爲腳是男性陰莖的象徵。」

其他的研究人員也提出不同見解。有人認爲，由於腳和生殖器都是由同一個腦區所管轄，因此兩者在認知上可能會產生重疊。

也有人認爲，當性交傳染的疾病大流行時，對腳產生戀物癖的人就會隨之增加，這可能是因爲藉由腳來達到滿足比進行性行爲安全得多。然而另一種理論也認爲人們對性方面的偏好從幼年期就開始，科學家覺得在媽媽的腳和鞋子旁邊玩耍就是引發這種偏好的原因。

反應時間

女性的反應越來越快，已經快要追上男性了。專門測量反應速度的科學家發現，在過去五十年來，男性與女性在反應時間（一種測量思考速度的方法）上的差異已經縮短了一半。目前男女在反應時間上的差距（有些人將反應時間視爲智力的一種表示方法）已經減少爲二十毫秒，研究人員預估，在未來二十五年內，女性的反應時間將會比男性更快。

研究也顯示，女性的身體反應速度正逐漸趕上男性。在游泳項目，男女選手的紀錄差距在一九三六年時是十二．四一％，到了一九七六年已經降爲九．二七％，其他的運動當中，目前男女之間的差距已經降到五．二％。

研究人員表示，女性的解放造就了這些改變，因爲有越來越多的女性開車、工作以及參與專業運動。

美國博林格林州立大學（Bowling Green State University）的席佛曼教授（Irwin Silverman）是這項研究的領導者，該項研究後來發表於《性別角色》期刊（*Sex Roles*），他說：「我們認為這完全跟練習有關。經過練習之後，反應時間就會縮短，而且有越來越多的女性從事那些能夠練習反應時間的活動。」

在研究中，研究人員分析了三十份來自世界各地的研究報告，看看過去七十五年來，男性與女性的反應時間出現了什麼變化。這三十份研究報告，大部分都是在實驗室裡測量受試者接收到視覺或聽覺刺激時的反應時間。此外，研究人員也分析了男女運動員在過去七十五年來的速度差異。

研究結果顯示，資料越新，男性與女性在速度上的差距就越小。此外，研究人員發現男女在體能運動表現方面也越來越接近。舉例來說，在奧運一百公尺賽跑中，男子組冠軍與女子組冠軍的速度差距自一九二八年以來已經減少了六十四%。

席佛曼教授說：「大約在五十年以前，男女在速度上的差距是四十毫秒，現在已經降為二十毫秒，而且差距越來越小。一些研究顯示，在某些年齡組別中，女性的速度已經比男性快。還有一項最近即將發表的研究結果顯示，男女的速度差距已經降到二十毫秒以下。」他表示：「根據預估，在未來二十五到三十年之內，男性與女性的速度就會一樣快。畢竟跟男性比起來，女性在反應時間上具有

▶ 1928年的奧運會中，男子一百公尺成績為10.8秒，女子一百公尺賽跑的冠軍則是12.2秒；到了2008年，男子成績是9.69秒，女子成績則為10.78秒。

先天的優勢，因爲女性的體型平均都比男性來得嬌小，也因此，其負責運動反應的神經脈衝（neural impulse）傳導距離也會比男性短。」

「我們生活周遭所發生的改變也有助於女性縮短反應時間。在我們研究的時期中，女性的社會參與程度已經大幅提升。舉例來說，開車的女性人數已經和男性一樣多，女性運動員的人數也大幅增加。這一類的活動都有助於逐漸縮短反應時間。」

當然，另一種可能原因就是男性相對來說變得越來越慢，席佛曼教授說：「在小孩子當中，男孩子變胖的機率比女孩子來得高。由此看來，雖然兩性在運動反應上的速度應該都會減緩，但是男孩子動作減緩的機率應該會比女孩子高。」

反應時間和大腦的處理速度以及智力可能也有關聯，席佛曼教授說：「由於反應時間跟處理的速度有關，因此才有人提出這種看法，但此看法仍值得進一步討論。」

讓男人變胖

如果你想要一個有智慧、可靠、忠於婚姻又會照顧小孩的丈夫，不妨想得「大」一點。

根據一項新的研究結果顯示，人們似乎認為體型龐大的男性比瘦小的男性更聰明、可靠與友善。此外，人們也認為體型龐大的男性更有可能成為好父親與好丈夫。

當研究人員利用電腦科技讓照片中的男子體重增加一百磅，他們發現，不論是男性或女性受試者都認為體重較重的男子比體重輕的男子擁有更多優點。

有一個理論認為，由於瘦的男人通常被認為比較有魅力，因此人們也會覺得他們不太可靠、拋棄另一半的可能性也比較高。

在牛津大學《人格與個別差異》（*Personality and Individual Differences*）期刊所登載的一項研究中，心理學家進行了一項實驗。在實驗中，研究人員讓受試者看同一個男子的兩張不同模樣照片。其中一張照片是該名男子體重增加一百磅之後的樣子。

看完照片後，受試者必須針對二十五項不同的人格特質、成就、親職技巧與其他因素，爲照片中的兩位男性打分數。

當研究人員分析受試者的評定結果時，他們發現人們對兩位男性的看法有顯著的差異。

受試者認爲跟體重較重的男子比起來，體型較瘦的男子比較有魅力、比較熱情、事業上的成就可能比較大、在社會上也比較吃得開。

但是體重較重的男子被認爲較有智慧、比較友善而且可靠。受試者也認爲，體重較重的男子比較能夠扮演好父親的角色以及當一個好丈夫。

然而，胖子在一般人眼中通常都是懶惰、貪心而且自私，因此科學家仍然無法解釋體重較重的男子爲何會在這些特性上獲得較高的評價，不過，美國巴克尼爾大學（Bucknell University）的研究人員卻提出了一些理論。

研究人員說：「由於人們普遍認爲外表漂亮的人很可能比較不忠貞，因此身材較瘦的男子才會被認爲比較不可靠。有魅力的人較有機會與別人發生性行爲、或是獲得比較好的性經驗，所以在一般人眼中，這種人比較有可能發生外遇，也比較有可能拋棄現在的另一半，當然也就不會是好父母或是好伴侶。」

研究人員表示，過胖的男人之所以被認爲比較有智慧，是因爲人們認爲這種人的社交機會比較少；他們說：「人們可能會覺得過胖的男性先天上沒什麼吸引力，他們的社交機會也不像瘦的人那麼多，因此他們一定會努力地提升自己的知識與智慧。」

至於人們爲什麼會認爲體重較重的男子比較親切，唯一的解釋就是「胖的人總是笑口常開」這種刻板印象。

說笑話

男人眞的不喜歡女人搞笑。當他們說自己喜歡有幽默感的女人，其實指的是那些懂得在男人講笑話時開心大笑的女人。

研究人員表示，這項發現解釋了男人爲何會宣稱自己喜歡有幽默感的另一半，卻又不認爲幽默風趣的女人比較具有吸引力。此外，當女人因爲男人說的笑話而哈哈大笑，其實代表著她受到對方吸引，而且女生笑得越開心，就表示她越喜歡對方。

這項研究發表於《演化與人類行爲》期刊（*Evolution and Human Behavior*），進行此項研究的科學家說：「我們的研究結果顯示，男性希望另一半能懂得欣賞自己的幽默，因爲對方的反應代表著自己是否受到青睞。」

「不論男性或女性，如果問他們心目中理想伴侶需要具備什麼條件，雙方面都表示喜歡有幽默感的人。然而，要是你進一步探詢他們眞正的意思（正如我們所做的研究一樣），你會發現，男人指的其實是那些在他們說笑話時會哈哈大笑的人，而女人指的則是那些會逗她們開心的人。」

研究人員表示，這項發現有助於解釋爲什麼男人不喜歡女性喜劇演員。

加拿大與美國幾所大學的心理學家進行了一項新的研究，調查年齡大約二十歲出頭的男女有哪些性別差異。

在實驗中，受試者會面臨幾種不同的情境並且接受一連串的測試，看看兩性之間是否有明顯的性別差異。研究人員藉此觀察男性與女性受試者對於幽默表現的反應與接受度。除了找出兩性的偏好之外，研究團隊也同時觀察這樣的偏好是否會因爲關係的不同而改變，例如長久的關係、一夜情、約會以及短暫的關係。

結果顯示，只有女性會重視另一半是否具有幽默感。而且，女性不僅注重另一半是否幽默，她們也希望伴侶能夠欣賞她們的幽默感。另一方面，男性注重的是另一半是否懂得欣賞他們的幽默，而不太在乎另一半有沒有幽默感。

研究人員說：「我們比較了兩性在各種情感關係下的偏好，結果發現，在約會與長遠的關係中，女性比男性更注重另一半的幽默表現。但是在短暫的關係、一夜情與朋友關係中，這種差異就不存在。」

「我們的實驗顯示，兩性對於『另一半是否有幽默感』以及『另一半是否懂得欣賞自己的幽默』的重視程度明顯不同。研究結果顯示，女性很注重伴侶是否有幽默感，也很重視另一半是否懂得欣賞自己的幽默，然而男性只注重另一半是否懂得欣賞自己的幽默。」

「因此，我們似乎能夠解釋為什麼男性注重幽默感，但是他們對於幽默風趣的女性卻興趣缺缺，也就是說，男性說他們喜歡有幽默感的伴侶，但是這種幽默感並不包含幽默的表現。」

研究人員又說：「此外，要選擇表現幽默的人或是懂得欣賞幽默的人為伴侶時，女性受試者選擇表現幽默的人，而男性喜歡懂得欣賞幽默的人。」

幽默跟性選擇有關：「性選擇可能會影響幽默的表現，因為女性在選擇伴侶時十分重視這一項特點。至於男性希望另一半能欣賞他們的幽默，可能是因為在性選擇的影響下，男性偏好那些藉由欣賞幽默來展現『性趣』的人。」

西安大略大學的馬汀博士（Dr. Martin）表示，這可能是因為男性展現幽默的技巧代表他擁有良好的基因。

他說：「從演化的觀點來看，這種理論是說男性展現幽默的能力可做為智識能力、創意的指標，表示男人具有良好的基因。女性在選擇配偶時是挑剔的那一方，所以男性必須想辦法取悅他們的潛在對象，因此，幽默感就成了女性尋找某些特質時的一種指標。相反的，男性不像女性那樣挑剔，他們幾乎是來者不拒。相較之下，女性的條件（一個能讓你開心的人）比男性的要求（一個欣賞你幽默感的人）來得苛刻許多。」

「由此看來，女性設定的標準比較高。她們傳達的訊息是男人必須展現幽默，這比聽到別人的笑話而大笑要來得困難多了。因此女性跟有幽默感的男性比較容易發展出良好的關係。」

馬汀博士說：「男性不喜歡女性喜劇演員的原因之一，或許是因爲幽默被認爲是男性的特質。男性在講笑話時帶有較勁的意味，而女性的說笑則只是在講一些軼聞趣事。因此男性會把逗笑當成他們專屬的能力。」

德國佛萊堡大學（Freiburg University）所進行的另一項研究，也支持男性與女性講的笑話是不一樣的這種說法。

研究結果顯示，女性的幽默屬於軼聞趣事，而且女性說笑的目的是希望別人跟她們一起笑，而不是要別人嘲笑她們；研究人員說：「女性會以戲謔的口吻來和別人分享自己生活中一些令人沮喪、對付難搞的人以及突破限制的經驗。當我們仔細觀察有關人們不幸經驗的軼聞趣事時，我們發現在女性的友誼中，說故事的人不是要別人嘲笑她的蠢事，而是要跟她一起笑。」

「如果有人嘲笑她們所做的蠢事，說笑的人就會顯得很不自在。此外，這種自嘲式的幽默並不會傷害到任何人。研究顯示，女性不太喜歡講一些具有挑釁意味的笑話，而是比較喜歡這種帶點自嘲口吻的玩笑。」

尺寸真的很重要（都是五點三吋）

幾乎每一個男人都希望他們的男性象徵能夠大一點，根據世界上第一份關於尺寸與滿意度的性調查顯示，十個男人裡面有七個人認爲自己的陰莖尺寸達到平均水準。

研究人員計算出，男性陰莖在勃起時的平均長度約爲五．三吋（或十三．五公分），他們也發現，對自己的尺寸感到滿意的男性通常都是體型較高瘦、對於自己的外貌比較有自信、比較滿意的人。

研究結果也顯示，有十四％的女性希望她們伴侶的男性象徵能夠大一點，然而只有二％的女性希望伴侶的陰莖能夠小一點。

這項研究結果刊登在《男性心理與男子氣概》（*Psychology of Men & Masculinity*）醫學期刊，研究人員表示：「這是首次針對男性的陰莖尺寸、滿意度與體型之間的關係，進行大規模研究。」

這項國際性的研究是以網路問卷調查的方式進行，共有五萬名以上、年齡介於十八歲至六十五歲之間的男女受試者，塡寫這一份包括了二十七個問題的網路問卷。研究結果顯示，大部份的男性（六十六％）認爲自己的陰莖尺寸達到平均水準，有二十二％的男性認爲自己的尺寸大於平均值，十二％的男性認爲自己的尺寸小於平均值。

加州大學（University of California）的研究人員說：「對許多男人而言，雖然自己的陰莖尺寸達到平均值，但他們還是不滿意。認爲自己的陰莖尺寸達到平均水準的男性當中，有四十六％的人希望能夠再大一點。我們發現，大部份男性（四十五％）都想要大一點的陰莖。」

研究結果也顯示，十個女性中有七個認爲伴侶的陰莖尺寸有達到平均值：「有些女性（二十七％）覺得她們伴侶的陰莖尺寸大於平均值，另外，有六％的女性認爲伴侶的陰莖比平均值小。」

然而研究結果顯示，儘管男性不太喜歡自己的尺寸，但是大多數的女性（八十四％）都對伴侶的陰莖大小感到很滿意，只有十四％的女性希望她們伴侶的陰莖能夠再大一點。

研究人員同時發現，陰莖尺寸大於平均值的男性會比較有自信。他們表示，雖然一般民眾都相信陰莖尺寸跟腳和手的長度有關，但事實上沒有任何證據支持這種說法。不過，他們倒是發現體型較高大的男人其陰莖尺寸也比較大，肥胖男性的陰莖則比較小。

至於實際上的陰莖尺寸，研究人員表示男性陰莖在勃起時的平均長度爲五．三吋（約爲十三．五公分），有六十八％的男性其陰莖勃起時的長度介於四．六吋到六吋之間（大約十一．七公分到十五．二公分）。有十三．五％的男性其陰莖勃起長度介於三．八吋到四．五吋之間（九．七公分到十一．四公分），另外，陰莖勃起長度介於六．一吋到六．八吋之間（十五．五公分到十七．三公分）的男性有十三．五％。只有二．五％的人其陰莖勃起長度超過六．九吋（十七．五公分），勃起長度小於三．七吋（九．四公分）的人也有二．五％。

研究一夜情

女性比男性更容易對自己的一夜情行爲感到懊悔。

根據一項規模最大的一夜情學術研究顯示，跟男性比起來，女性比較不希望朋友知道自己曾經一度風流，她們也比較擔心自己的名聲會受到影響。

女性之所以比較容易對自己的一夜情感到懊悔，有種理論是認爲因爲她們覺得自己的付出沒有得到應有的重視，導致自尊心受創。

領導這項研究的英國杜倫大學（Durham University）心理學家坎蓓爾教授（Anne Campbell）表示：「我們的研究結果顯示，跟男性比起來，女性對這種隨意發生的性經驗比較不滿意。這或許能夠解釋爲什麼女性比男性更抗拒短暫的愛情關係。」

在這項研究中，心理學家將一夜情定義爲一種只有性行爲的兩性關係，並觀察擁有一夜情經驗的受試者抱持何種態度。在研究中，研究人員調查男女雙方在實際發生一夜情之後會出現什麼反應，不像其他研究者是以假設的情況來進行調查。

這項研究是以一千九百零九位男性以及一千四百五十四位女性受試者爲樣本，其中有兩千九百五十六個人（八十八%）是異性戀者。在異性戀受試者當中，共有一千七百四十三個人（五十九%）有過一夜情的經驗，其中有九百九十八位男性和七百四十五位女性。在這些發生過一夜情的異性戀受試者中，共有兩百六十五位男性以及一百三十四名女性在發生一夜情時正處於穩定的戀愛關係。在這些受試者當中，年齡介於十七到二十五歲者佔四十二%，二十六歲到四十歲之間的人佔了四十%，四十一歲到六十歲之間的受試者則佔十三%。

在研究中，心理學家也請男女受試者爲他們在隔天一覺醒來後生出的複雜情緒做出評分。

心理學家分析了兩百三十三位男女受試者對一夜情的詳細心境描述之後，發現有五十九%的男性與二十八%的女性對於他們的一夜情經驗存有正面的感受。受試者的描述包括：心滿意足、令人欣喜、有趣、興奮以及刺激。另外，有二十三%的男性受試者與五十八%的女性受試者對自己的一夜情感到懊悔，並且表示不願意再嘗試類似經驗。

跟男性比起來，有較多的女性對於令人失望的一夜情經歷感到後悔，而且她們也擔心自己的名聲會受到傷害。此外，女性也比較容易覺得自己被利用了。

有比較多的男性受試者暗自希望自己越軌的閒話能夠傳到朋友耳裡，另外，和女性相比，男性對於自己的一夜情經驗較爲滿意，他們對於自己的表現也比較有自信。覺得自己受到青睞而且有勝利感的男女受試者人數則差不多。

坎布爾教授說：「跟男性比起來，有較多的女性對自己的一夜情經驗產生負面的感受。女性覺得自己被利用，這種感受就是兩性之間最大的差異，而且接下來女性還會對自己的行爲感到失望、並認爲自己的名聲受損。」

研究人員表示，從結果中可以發現，女性發生一夜情的動機不是想要測試或確保一段長遠的關係，也不是想要尋找備胎情人。

不過，如果大多數的女性都對一夜情沒有什麼正面看法，爲什麼她們還會沉溺其中呢？

坎布爾教授說：「不論女性在發生一夜情之後有何種感想，實際而言，她們在那個當下還是會選擇發生一段短暫的邂逅。」

耳朵測驗

想要讓甜言蜜語發揮最大功用，就要讓這些話語飄進對方的左耳。左耳處理情感詞彙的能力比右耳還要好；根據研究顯示，當男性與女性以左耳聆聽十個與情感有關的詞彙時（例如「愛」、「親吻」與「熱情」等），他們都能夠準確地辨認並回想七〇%以上的詞彙；但是如果從右耳聽到這些情感詞彙，他們只能回想起五十八%的詞彙。

人們以左耳聽到負面的情感詞彙（例如「悲傷」與「憤怒」），事後回想到的也比用右耳聽時還多，因左耳是由右邊大腦、也就是負責控制情感的半腦所掌控。

這項發現或許有助於解釋爲什麼媽媽大多會把小嬰兒抱在她們的左邊、靠近左邊的耳朵。根據英國漢默史密斯醫院（Hammersmith Hospital）的研究人員表示：「媽媽把小嬰兒放在左邊懷抱，不但可以讓小嬰兒的右腦直接接收到母親的訊息，同時也能讓媽媽的右邊大腦更容易接收到小嬰兒的情感回應。」這些結果也可以說明，爲什麼有些研究顯示以左耳來聆聽音樂更能激發共鳴。

在美國山姆休士頓州立大學（Sam Houston State University）所進行的研究中，研究人員讓一百位男女受試者戴上耳機，再分別對著受試者的左邊與右邊耳朵播放帶有情感的詞彙與中性詞彙。研究人員在唸這些詞彙時完全不帶任何情緒。

當受試者聽完之後，過了一會兒，研究人員就請受試者把剛才兩邊耳朵所聽到的詞彙寫下來。結果顯示，當人們回想從左耳聽到的情感詞彙時，準確度達到七十·四三％，回想右耳所聽到的情感詞彙時，其準確度只有五十八·六七％。

研究結果也顯示，如果人們是以右耳聽到「檸檬水」、「機器」和「引擎」等與情感無關的詞彙，事後回想的準確度比左耳聽到時高。

研究人員說：「這項研究是為了測驗人們對於以中性語調發音的情感詞彙會如何進行偵測與分類，這些情感詞彙包括憤怒、悲傷、快樂或其他帶有正面及負面情緒的字。我們發現，左耳處理情感詞彙的能力比右耳來得好，這個結果與『右大腦較擅長處理此類認知活動』的看法相符。」

他們又說：「這項結果也明確證實，人們對於從左耳聽到的情感詞彙較能牢記。這項結果也符合『右腦負責處理情感資訊』的理論。」

其他研究顯示，左耳與右腦在處理音樂訊息時也比較有效率，人們也比較能夠正確辨認出左耳所聽到的旋律。根據美國中田納西州立大學（Middle Tennessee State University）的研究顯示，左大腦在處理資訊時比較有邏輯性，相形之下，右大腦比較會憑著直覺來處理資訊。

7

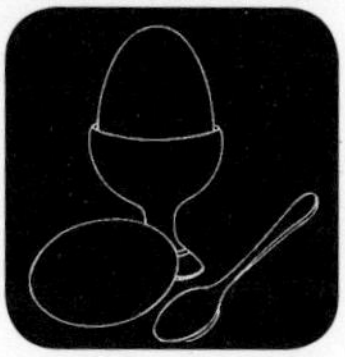

如何煮蛋、如何利用頭皮屑，以及觀察甘藍菜的成長

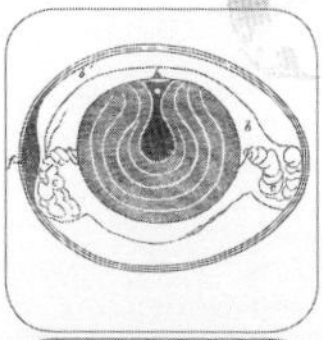

觀察甘藍菜的成長

甘藍菜是一種很重要的農作物。每一年，這種綠色葉菜的全球總收成量都超過五千萬公噸，而且甘藍菜也是人類主要的營養來源。

然而，這種蔬菜也很容易遭受蟲害以及其他有礙成長的問題，進而影響整體產量與收益（據估計，光是美國的甘藍菜產值就高達五億美元）。

有很多種昆蟲會對甘藍菜造成危害，包括蚜蟲、潛葉蟲、薊馬、白粉蝨、甘藍種蠅、甲蟲、椿象、毛蟲、粉紋夜蛾、菱紋背蛾等等，還有蛞蝓和蝸牛這兩種軟體動物也會影響甘藍菜的生長。

雖然我們可以使用殺蟲劑和其他方法來對付這些害蟲，但是要如何監控大型農場的甘藍菜生長狀況，著實令人頭痛。舉例來說，中國的甘藍菜產量是全球第一，根據估計，中國種植甘藍菜的土地面積就超過一百萬英畝，要是能夠有某種即時監控農作物生長情況的系統那就好了。

因此，研究人員不斷嘗試藉由空中照相技術監控甘藍菜的生長情況，並且觀察各種殺蟲劑和處理方法的成效。

德州農工大學（Texas A&M University）所進行的實驗中，研究人員先種植甘藍菜，接著再以十五種不同的殺蟲劑來防治蟲害。研究人員將殺蟲劑噴灑在種滿甘藍菜的實驗用土地上，每一種殺蟲劑都各自在八十一塊土地上噴灑四次。

最後一次噴灑殺蟲劑之後，甘藍菜的生長情況也非常良好，於是研究人員搭乘設有空中照相專用設備的西斯納四〇四型飛機（Cessna 404），飛到四百六十公尺的高空，並使用綠感底片來拍照。

接著，研究人員利用這些數位影像來測量整株甘藍菜與甘藍葉球的直徑，並計算整株甘藍菜與甘藍葉球的重量。他們發現，如果整株甘藍菜的直徑達到四十四公分，就表示這株甘藍菜很健康，相較之下，不健康的甘藍菜直徑只有二十五公分左右。

研究人員也利用這些數位影像來評估每一種殺蟲劑的效果。

◉甘藍菜（英文cabbage）：學名*Brassica oleracea var. capitata*，又名包心菜、高麗菜、捲心菜，為十字花科（Brassicaceae）的常見蔬菜，特徵是長大後葉片會緊實密生而呈球形，所以植物學名稱為結球甘藍。可生食或熟食，也可醃製保存，例如日耳曼族的sauerkraut。

研究人員說：「如果要評估大片農作物的生長情況或是農藥的成效，利用空中照相技術比使用傳統的地面觀測法更有效率。」

他們又說：「這是我們首次利用遙測技術估算甘藍菜的各種成長變數，成果相當令人振奮。然而我們還需要進行更多的實驗，以便評估這項技術是否適合用來監控甘藍菜的生長情況與產量變化，同時也看看這項技術是否能用來量測殺蟲劑的功效。」

在此同時，新堡大學（University of Newcastle）的研究人員也發現大蒜能用來對付甘藍菜的頭號敵人——蛞蝓。

大蒜除了被古埃及人用來對付吸血鬼，數百年來，人類也用它來做爲減少害蟲的伴植（companion planting）植物。以前，僧侶會把大蒜種在他們栽植的蔬菜旁邊，以便趕走討厭的害蟲。科學家已經證實大蒜是對付蛞蝓的最有效方法之一，新堡大學的研究人員認爲這可能是因爲大蒜會對蛞蝓的神經系統造成不好的作用。他們的研究顯示，大蒜能夠殺死藏在土壤中的蛞蝓卵。

蛞蝓和蝸牛會吃掉五穀與其他農作物，造成數百萬英鎊的農業損失，對於英國、北歐以及美洲西北部這些地處溫帶的國家來說，影響尤其嚴重。因此，人類每年花在害蟲防治的經費甚至比農業損失的金額還要高，據估計，英國防治蛞蝓和蝸牛的總成本約有三千萬英鎊左右。

蛞蝓：無殼之腹足綱（Gastropoda）軟體動物的通稱，也可能具有很小的外殼或內殼，如有帶殼能夠將身體縮入，則是通稱為蝸牛。因身體很容易散失水分，陸生的蛞蝓必須生活在潮濕環境中，並分泌黏液保持身體濕潤。

於是，新堡大學的科學家研究如何將一種大蒜的萃取液灑在土壤上，以便有效阻擋蛞蝓和蝸牛的行動。此外，他們在評估白菜菜葉所受到的損害時，發現大蒜不僅讓白菜的大部份菜葉都能保持完整，同時也殺死了大量的蛞蝓和蝸牛。

研究人員表示：「我們需要進行更多的測試，以便找出大蒜的潛在商機。我們想要找出大蒜對於土壤中的其他生物會有什麼作用，並研究出大蒜萃取液的正確使用濃度、使用後是否會影響農作物的味道以及其他許多事情。」

▶ 所謂的「中國甘藍」其實並不是甘藍菜，而是另一種同為蕓薹屬的植物，又可區分為兩個亞種：大白菜（*Brassica rapa subsp. pekinensis*），或是小白菜（*Brassica rapa subsp. Chinensis*），兩者都是東亞地區料理中常用蔬菜，青江菜、油白菜等都算是小白菜的栽培種。

水煮蛋

你可能會認爲煮蛋不需要什麼技術，也不必進行什麼研究。煮三分鐘，蛋黃半熟的滑嫩口感最適合搭配吐司；煮十分鐘，完全凝固的蛋黃與蛋白剛好用來做沙拉：簡單！

然而英國艾克斯特大學（Exeter University）的物理學家威廉斯博士（Charles Williams）卻表示，事情沒有這麼簡單！它比我們所想的還要再複雜一些。事實上，威廉斯博士還利用一個公式來計算煮一顆蛋需要多少時間，他根據蛋的尺寸、重量、密度以及初始溫度來進行估算，當然，他還考量了加熱時應該用多少熱能以及蛋的導熱能力。

在計算時，威廉斯博士注意到一些因子，包括蛋殼、蛋白與蛋黃的構造等等。

蛋殼占了整顆蛋的差不多九%到十二%，而且蛋殼上面還布滿大約七千到一萬七千個微小的毛細孔。一顆蛋的液體重量大部份都由蛋白包辦，大約是總液體重量的六十七%左右。蛋白是由四層乳白色結構所組成，高黏稠度與低黏稠度的層次相互間隔。剛產下的新鮮雞蛋，蛋白的酸鹼值爲七．六到七．九之間，至於蛋白之所以呈現乳白色與混濁模樣，則是因爲裡面含有二氧化碳。

蛋黃的重量約佔蛋總液體重量的三十三%。蛋的所有脂肪和維生素都在蛋黃裡，此外，蛋黃也包含將近一半的蛋白質。

威廉斯博士費盡心思才得出一個公式，能夠計算煮出半熟蛋要花多少時間：「爲了得出一個簡單的公式，必須先將所有問題都理想化，因此，讓我們假設蛋是具有質量（M）與初始溫度（T_{egg}）的球型均質物體。如果將一顆蛋直直地放入一鍋滾水（水溫爲T_{water}）中，當蛋黃的溫度（T_{yolk}）範圍升高到幾近攝氏六十三度時，半熟蛋就煮好了。在這樣的假設條件下，我們只要透過熱傳導等式，就可以推測出煮蛋的時間。」

根據這個公式，一顆中等尺寸的蛋（重量約在五十七公克左右）從冰箱取出後（溫度爲攝氏四度），大約需要煮四分三十秒的時間才能變成半熟狀態；但如果是一顆原本放在室溫環境下的同樣大小的蛋（溫度爲攝氏二十一度），它只需要煮三分三十秒就能變成半熟蛋。如果所有的蛋都放在冰箱裡而不是室溫下，那麼一顆小型的蛋（重量約爲六到四十七公克）需要煮四分鐘的時間才會達到半熟

⊙ 詳細的推導過程以及公式可參見http://newton.ex.ac.uk/teaching/CDHW/egg/

狀態，大尺寸的蛋（重量約爲六十七公克）則需要五分鐘。

根據威廉斯博士的研究，上述烹煮時間還可以更加精準。他表示，要算出更精準的烹煮時間，就要把蛋白、蛋黃與蛋殼的不同導熱特性都考量進來。

他說：「我們必須把水中的蛋視爲是一個具有三層界面的同心橢圓球體，水與蛋殼的界面之間符合狄氏邊界條件（Dirichlet boundary-conditions），而蛋殼與蛋白之間以及蛋白與蛋黃之間則符合紐曼邊界條件（Neumann boundary-conditions）。當蛋白從固態轉變成凝膠狀時，它的導熱性將會改變，這項改變及其相關的潛熱也必須加以考量。」

即便如此，在某些情況下，這個公式所算出的結果也可能有錯。威廉斯博士的公式也顯示，在高山上煮蛋所需的時間顯然比在海平面所需的時間更長。這可能是因爲大氣壓力減少之後，水的沸點也跟著降低。

當然，將蛋煮至全熟與煮至半熟的各方面條件也完全不同。

他表示，首先把蛋放進滾水中，再用煮半熟蛋的兩倍時間來烹煮，接著將煮好的蛋泡在冷水當中。他建議，如果不用這個方法，也可以將蛋放進冷水鍋中，一起加熱到滾沸，然後把鍋子從火爐上移開、蓋上鍋蓋，放在一旁冷卻大約七分鐘的時間，等到蛋放涼之後就可以了。

兩種方法都可以避免讓蛋黃的溫度加熱到太高（大約攝氏七十度），當蛋黃的加熱溫度太高時，蛋白裡面含有硫磺成分的氨基酸分解之後會產生硫化氫，硫化氫會跟蛋黃裡面的鐵產生化學反應，導致蛋黃表面形成一層灰綠色的硫酸亞鐵。

可惜的是，威廉斯博士找到的這些方法似乎無法滿足他的喜好，他說：「我最喜歡的煮蛋方式是用蒸的。把蛋放到鍋中，接著在鍋子裡加入一公分的滾水，再把鍋蓋蓋上。把蛋靜置在鍋子裡，既可避免碰撞、又可以減少裂痕的產生。由於這樣只需要把少量的水煮滾，因此這種方法可說是既節省時間又節省能源。」

頭皮屑偵探

頭皮屑或許能將銀行搶匪繩之以法。

美國聯邦調查局（Federal Bureau of Investigation，簡稱FBI）找到一個打擊犯罪的新方法，也就是分析骯髒上衣和貼身衣物的成分，尋找脫落的皮膚細胞。

聯邦調查局的研究人員說：「衣物碎屑所夾雜的皮膚細胞或許能夠提供足夠的DNA資訊，讓我們得以找出衣服的主人。舉例來說，假如一樁銀行搶案的線索只有歹徒的面具或手套，它將是唯一能提供DNA證據的生物材料。」

由於皮膚細胞會不斷地剝落，因此嫌犯的衣物碎屑中很可能會摻雜穿戴者的一些皮膚細胞。這些細胞含有核DNA，而這些DNA資料或許能夠成爲有力的證據。研究人員表示，即使生物材料的數量非常少，還是有可能從中取得足夠的DNA資料進行分析。只要一毫克的頭皮屑就夠了。

調查人員通常都會在犯罪現場蒐集嫌犯與被害人身上的毛髮、纖維或是其他微量成分，並帶回去進行ＤＮＡ分析，然而他們很可能會忽略頭皮屑以及皮膚細胞等材料，事實上，這些材料也可以用來鑑定穿戴者的身分。

爲了證明細胞值得蒐集與利用，華盛頓的聯邦調查局研究人員一直在研究上衣與襪子的碎屑，他們的取材對象是實驗室成員已經穿了一段時間的衣物。

實驗室人員把剛洗好的衣物穿在身上一整天。女性成員負責穿著測試用的襪子，男性則穿上衣。過了一個工作天，這些衣物會被蒐集起來並且存放在紙袋或塑膠袋中，以便進行分析。

研究人員會從每一件衣物的裡外兩側刮下一些碎屑做爲測試用的微物證據，並且對這些碎屑進行ＤＮＡ分析。除了參與研究的受試者之外，與受試者同住的人、負責分析的人也都要進行測試。研究人員將消毒過的無菌紗布沾濕，再用這些紗布蒐集衣物上的細胞。他們會在上衣領口來回擦拭以取得皮膚細胞。

研究結果顯示，衣物能夠提供足夠的ＤＮＡ分析材料來鑑定穿戴者的身分。研究人員說：「這項研究顯示，我們可以從一些微小的碎屑中取得足夠且品質良好的ＤＮＡ，藉由這些材料，我們就有可能鑑定出穿戴者的身分。」

這項測試的準確度非常高，它不只能夠找出衣物的穿戴者，甚至連他們所接觸過的人都有可能被追查出來。在某些例子中，研究人員能夠找出衣物穿戴者接觸過哪些人，通常是他們的伴侶；但是其他的案例當中則無法找出。

在其他案例中，研究人員無法解釋另一個人的DNA爲什麼會出現在衣物上，對此，研究人員正努力地尋找答案。他們表示：「爲了解釋受試者的衣物上爲何會有其同居者的DNA，我們正在進行更多的研究，以便測試在洗衣服的過程中，他人的DNA是否有可能會透過洗衣機而沾染到衣物上。」

無獨有偶，西班牙格拉納達大學（University of Granada）的學者也在進行類似的研究。他們研究DNA是否能夠從頭皮屑中萃取出來，以及如此萃取DNA的方法。結果顯示，從一毫克或一．五毫克的頭皮屑中，就能夠取出足量的DNA來分析（至少要有三十到四十毫微克）。研究人員說：「頭皮屑或許能夠成爲犯罪鑑識所需的DNA來源。」

蛋殼破裂的原因

蛋爲什麼會破？科學家終於解開了這個謎題。一個研究團隊進行實驗，看看到底要多少力量才能讓一顆雞蛋破裂，並研究蛋殼的哪個部份最堅硬、哪個部份最脆弱。

根據學者表示，雞蛋破裂的原因牽涉到許多不同的性質，包括比重、質量、體積、表面積、蛋殼的厚度以及蛋殼重量，研究人員說：「蛋殼必須堅硬到能夠避免破裂，但又不能太過堅硬，以免小雞完全孵化後沒辦法破殼而出，此外，蛋殼的厚度要恰到好處，才能容許氣體交流。」

學校的科學實驗常常做一些與蛋有關的測試，主要是因爲它很容易破裂，而且雞蛋破掉之後，裡面的蛋黃、蛋白往往變得一團糟，然而研究人員表示，在目前已發表的科學文獻中，很少有人探討雞蛋如何承受壓力。

在這項研究中，研究人員用了兩百七十顆雞蛋來進行一連串的測試，包括把蛋放在兩個鐵盤中間，看看兩個盤子的擠壓速度必須多快才能把蛋殼壓破。

此外，透過測量雞蛋破裂時所需的拉力、能量以及各部位的硬度，研究人員也計算出雞蛋對破壞力的抵抗程度。

研究結果顯示，當雞蛋橫放時，你可以輕鬆地把它打破，相較之下，要把一顆直立的雞蛋打破最爲費力。另外，蛋殼的平均厚度則大約爲〇．三四四到〇．三五一公厘。

爲了測試蛋殼的破裂強度，研究人員把雞蛋放在兩個盤子中間，再慢慢增加壓力，直到蛋殼破掉爲止。他們發現，要讓蛋殼破裂大約需要三十牛頓的力量。

土耳其加齊奧斯曼帕薩大學（University of Gaziosmanpasa）的研究人員認爲這項結果非常重要，因爲每天都有大量的雞蛋要經過包裝、運送，因此這些雞蛋很容易破損。

他們說：「在運送、加工、包裝與貯藏的過程中，各種相關設備的設計與使用都必須考慮到蛋的物理特性。」

蛋殼的成分中大約有九十四%是碳酸鈣，其餘則是碳酸鎂、磷酸鈣，還有包括蛋白質在內的許多其他有機質。

蛋殼的強度與兩種因素有關。第一個是母雞的飲食，特別是鈣、磷、錳以及維生素D的攝取。其次是蛋的大小，母雞的年紀越大，牠所下的蛋就會越大，然而不論蛋的尺寸如何，蛋殼的總質量都維持固定。因此，越大顆的蛋，其蛋殼就會越薄。

蛋殼表面布滿多達一萬七千個毛細孔。雞蛋放久之後，它所含的水分與二氧化碳會逸散出來，空氣也會滲透進去，如此一來，雞蛋裡面的空氣便會增多、雞蛋的淨質量也會減少。此外，蛋殼裡面覆有一層稱爲「護膜」（cuticle）的保護層，它會擋在毛孔內側，藉以保持雞蛋的鮮度，同時避免細菌感染。

一般人認爲，只要在雞蛋較圓鈍的那一端刺一個小洞，就可以讓蛋比較不會破掉，但是研究人員表示，這種做法無法讓蛋不會破裂；它只會在蛋殼出現裂痕時，幫助釋放雞蛋裡面的壓力，並減少蛋黃與蛋白從裂縫中滲出的可能性。煮蛋時，如果發現蛋殼破損，可以在水裡面加一些醋或鹽，有助於蛋液凝固，並且很快地把裂縫堵起來，這種方法比用普通的熱水更有效。

為什麼壁紙無法完整地撕下來？

你一定有過拚命想把壁紙撕掉的經驗。

你曾見牆上正高垂著一大片剝落的壁紙。它就像在呼喚你，要你動手把它扯下來一樣。你照做了，一如往常一樣地希望能將整片壁紙輕鬆剝下。

然而，事與願違。當你試著把壁紙撕下來時，這片壁紙的寬度就會變得越來越窄，最後你撕下來的只是一條上面寬、下面窄的倒三角形紙張。

無論你試了多少次，也不管一開始看起來有多麼好撕，你撕下來的壁紙永遠都在還沒到達地面之前就變成一片三角形的長條。

研究壁紙如何變化的麻省理工學院（Massachusetts Institute of Technology）研究人員瑞茲（Pedro Reis）說：「你想要重新裝潢臥室，於是你就猛力把壁紙一撕。你以為這樣就可以把整片壁紙撕下來，但是你只撕下一條條的三角形，逼得你不得不一次一次重來。」

早在西元前兩百年，中國人就會把米做的紙貼在牆壁上，從那時候開始，每一個撕壁紙的人就因爲無法撕下一整片壁紙而感到厭煩和沮喪。

幾世紀以來，壁紙科技或許有長足的進步，人們發展出可洗的壁紙、預先塗好黏膠的壁紙、以及更耐用、維持得更久的壁紙，甚至出現有數位圖案的壁紙，然而要把它撕掉的時候，它總會變成一條條三角形的碎紙。

爲什麼會這樣呢？瑞茲和巴黎的法國國立科學研究中心（Centre National de la Recherche Scientifique，簡稱CNRS）以及智利聖地牙哥大學（Universidad de Santiago）等地的同好一起研究撕壁紙問題，他們發現這一切都跟基礎物理學中所謂的「壁紙撕除現象」（wallpaper rip phenomenon，或稱WRIP）有關。

當一小片壁紙剝落時，壁紙的兩道裂痕必然會朝著彼此延伸，最後交會於某一點。同樣的道理也可適用於剝除膠帶、塑膠膜以及舊海報的情況。研究結果顯示，在剝除蕃茄皮和葡萄皮時，它們也會變成一條條的三角形。

研究人員經過多次的實驗後發現，在彈性僵硬性、黏貼程度以及撕除難易度這三種因素交互影響之下，剝下的壁紙變成三角形乃是無法避免的結果。

總結來說，當我們拉起脫落的壁紙時，仍然黏在牆上的壁紙和已經脫落的壁紙之間就會形成一個摺痕，當我們要往下撕的時候，摺痕上所蓄積的能量也會隨之提高。這時，黏在牆上的壁紙有兩個方式可以釋放能量，一個是把它黏住的牆面一併扯下，另一個就是變得越來越窄。根據研究顯示，這兩種情況都會出現，因此造成「壁紙撕除現象」。

正如研究人員所說，對物理學家和應用數學家而言，研究壁紙、撕掉的海報和蕃茄皮似乎很奇怪，但是他們的研究成果也許能對現實生活有所貢獻。

瑞茲說：「我們可以弄清楚對產業具有實際助益的知識，同時也讓人們更了解生活周遭的事物。撕除壁紙時幾乎總是會出現這種三角型態，因此其背後一定存在某種基本原理，才會讓這種型態一次又一次的出現。」

研究人員根據上述三項因素發展出一套公式，可以預測壁紙、海報等所形成的三角形角度。這套公式或許可以應用在產業上，例如三項關鍵因素中若有兩項是已知，那麼工程師就可以利用這套公式計算出第三項因素。

瑞茲和他的研究同仁注意到人們在撕除塑膠膜時（例如光碟片的塑膠封套）總是會出現一條條的三角形碎片，因此才想到要進行這項研究。

在法國藝術家維勒特萊（Jacques Villiegle）的作品中也可以看到類似的三角形碎片。他的作品大部份都由巴黎街頭或法國其他城市所撕下的海報構成，全都帶有科學家所研究的那種撕痕。

研究守門員的撲球行為

你有沒有想過，守門員沒辦法把對方踢的罰球擋下來的時候，爲什麼仍會撲倒在地上？

根據一項學術研究指出，這是因爲當球被踢進球門時，這種撲倒在地的行爲會讓守門員比較沒有罪惡感。科學家們發現，守門員有九十四％的機率不是往左邊撲就是往右邊撲。

然而，不論是向左或是向右似乎都沒什麼用，學者已經計算出，對守門員來說，最好的策略就是守在球門中間。

研究人員分析了全球各地頂級聯賽與冠軍戰的兩百八十六個罰球，表示：「如果守門員有跳起來防守但還是擋不住球，他們心裡或許不會那麼難受，但如果他們站在球門中間而讓對方得分，他們的罪惡感會比較重；這是因爲人們看到守門員躍起時，會認爲他們很努力地試著把球擋下，而這也是守門員認爲自己應該做出大動作的原因。」

「我們分析了射門方向的機率分布後，發現最理想的防守策略就是守在球門中間。然而，守門員幾乎一定會向左撲或是向右撲。」

研究人員表示，球從罰球點飛越十一公尺的距離進到球門中，大約只需要〇．二秒的時間，因此守門員不能等他能夠清楚看到球的方向時再採取行動，根本沒時間可以浪費。

研究報告指出：「幾乎在對方球員決定踢球方向的同時，守門員就必須決定要往左跳、往右跳、或是站在中間。」

爲了找出成功率最高的防守方向，研究人員把守門員在每個方向成功擋下的總球數除以守門員往該方向撲倒的總次數。

研究人員表示，守門員的最佳決策就是選擇守門成功率最高的那個方向。

守門員撲向左邊的次數爲一百四十一次，其中有二十次成功地把球擋下，擋球率達到十四．二％。撲向右邊的擋球成功率則爲十二．六％。當守門員守在球門中間時，共有六次成功把球擋下、十二次讓對方得分，擋球成功率爲三十三％。

以色列班古里昂大學（Ben-Gurion University）與希伯來大學（Hebrew University）的研究人員說：「雖然對守門員來說，最理想的防守策略是站在球門中間，但是他們幾乎都是選擇往左或是往右撲！他們選擇待在球門中間的機率只有六．三%。這表示守門員對於防守方向可能存有偏見。」

他們又說：「我們認為守門員之所以不願意站在球門中間防守，是受到行動偏見的影響。」

「站在中間不動而讓對方得分，給別人的觀感要比行動失敗更糟。如果守門員往外撲而對方還是射門得分，他可能會覺得『我跟其他人一樣，都有盡力跳起來擋球了。只不過我的運氣比較不好，遇到的球是往另一個方向跑；或是其他的原因害我沒有擋下這顆球』。」

「另一方面，如果守門員站在球門中間而被對方得分，觀眾會覺得他沒有在防守，因為一般人都認為守門員應該要有些動作、例如跳起來等等才對。如果對方得分時守門員是站在球門中間，這樣將會引發比較大的負面觀感，因此守門員寧可選擇往外撲。」

同時，研究人員也提出警告：「我們要強調，守門員最好選擇守在球門中間的理論，是根據目前罰球方向的分布情況。但是如果守門員一直守在球門中間，踢球者就會開始把球踢往別的方向，如此一來，守在球門中間將不再是最佳的防守策略。」

為什麼胖子會被歧視

肥胖的人總會受到非難，因爲旁觀者的大腦會把肥胖誤認爲是疾病的徵兆。

當我們看到肥胖的人時，這個訊息似乎會激發我們的免疫系統做出一些行動，因爲我們的大腦不喜歡看到肥胖的樣子，甚至覺得它會傳染。有些人一看到肥胖的體態，他們的免疫系統也會釋放出噁心想吐的訊息，就如同發現敗壞的食物時，免疫系統會下令攻擊病毒與細菌，並且引發噁心反應來趕走外來物。

英屬哥倫比亞大學（University of British Columbia）的研究人員說：「對肥胖的人感到反感，是現代人普遍存在的一種強烈偏見。我們的研究首次揭露，這種偏見的來源可能涉及了多種獨立的機制。這些結果首次證實，肥胖會被認爲是一種病原體的感染。」

研究人員表示，行爲免疫系統似乎已經發展出一些機制，這些機制能夠偵測到與疾病有關的身體徵兆，像是出疹子或是器官不健全等等。當人們看到這些身體徵兆時就會覺得反感，同時採取負面的態度和迴避的舉動。

如果沒有對眞正的危險做出反應，後果可能不堪設想，因此這個系統必須有高度的反應，但是錯就錯在它常常反應過度。正因如此，行爲免疫系統比較容易把健康的人視爲生病，但比較不會誤以爲病人是健康的。這也是爲什麼有很多人對於臉上的胎記心生反感。

然而，這種過度反應是否足以解釋肥胖會惹人嫌？

爲了測試這個想法，研究人員進行了多項實驗，例如像是字詞聯想測驗，並且比較男性與女性對於肥胖的反應與看法。其中一組受試者比較擔心自己的健康，他們也認爲自己比別人更容易生病。

研究結果顯示，同意「我很討厭有人打噴嚏時沒有用手遮住」這種說法的人，也比較會贊成「如果我是雇主，我可能不會聘用肥胖的人」之類的句子。

研究報告指出：「從這些結果來看，擔心病原體散播的人確實比較容易對肥胖的人產生反感。尤其是在他們看到胖子的時候，這種聯想更爲強烈。」

「研究結果顯示，認爲自己容易生病的人看到胖子時，他們心裡的厭惡感會比其他人更強烈。我們發現除了這個說法之外，沒有其他更好的說法可以解釋這兩項研究所得到的整體結果。」

研究人員說：「人們心裡往往會把肥胖的人跟疾病聯想在一起。這些結果首次提供了實驗性的證據，證實人們對於病原體的擔憂會影響到他們對肥胖人士的看法。此外，這些結果也顯示這種『避免接觸病源』的運作機制跟其他討厭胖子的心態並沒有關聯，它是一種獨立的心理狀態。」

研究人員表示這項發現或許可以用來解決歧視問題：「對肥胖的人感到反感，是人們普遍存在的一種強烈偏見。我們的研究首次揭露，這種偏見的來源可能涉及了多種獨立的心理機制。這是一個令人警醒的結果，但它同時也讓我們感到振奮，因爲它或許有助於減少這一類的歧視。」

他們又說：「先前的研究顯示，如果針對歸因的心理歷程加以矯正，或許能夠減少這種歧視，此外，設法消除人們關於傳染病的不理性顧慮，或許也能夠改善這種偏見。」

全家人都有不好的駕駛習慣

結婚的雙方在婚禮上發誓將來必定「禍福與共」，但是根據研究顯示，夫妻雙方連駕駛行爲都會彼此影響。

研究人員表示，夫妻雙方有著相同的駕駛行爲；科學家發現，如果女性和一位個性較爲強勢、魯莽的男性結婚，很容易表現出同樣的行爲。

陶伯曼博士（Dr. Orit Taubman）說：「個性越是強勢魯莽的男性，他們的配偶就越容易出現莽撞的駕駛行爲。丈夫在開車時表現出來的魯莽行爲可能會影響到妻子，使得她們也冒冒失失、甚至違規。」

科學家仍然不清楚其中的原因，但是研究人員表示有兩種理論可以解釋這種現象。夫妻雙方之所以會出現同樣的駕駛行爲，或許就是婚姻生活中耳濡目染的結果。

或者，當初他們就是因爲擁有相同的駕駛行爲，才會受到對方的吸引。

以色列巴伊蘭大學（Bar-Ilan University）的陶伯曼博士主持這項研究，據他表示：「駕駛行爲或許代表了人們可以從配偶身上觀察到的外在行爲，他們要不是學著一起做出類似的行爲，就可能是因爲這項特色而選擇和這個人在一起。」

這項研究發表於《運輸研究》（*Transportation Research*）學術期刊，在研究中，研究人員調查八百位年齡在十九歲到六十八歲之間已婚男女的駕駛行爲，並且比較夫妻雙方的駕駛模式。研究團隊檢視多重因素，包括車速、開車時的專注程度與自信。

研究人員表示，這是首次針對夫妻或情侶雙方的駕駛行爲進行調查，它爲以夫妻與家庭爲主的安全駕駛計畫開啓了一條道路。

氣候研究

這幾年來，科學家幾乎把每一件可能具有教育意義的事都拿來研究，從家庭收入、基因，到人格、飲食等都有人研究。

然而在此之前，氣候（特別是雲）仍然是科學家尚未探索的領域。但是現在情況已經不一樣了，因爲研究人員已經發現陰天可能會影響到大學的入學機會。

根據科學家對雲的研究結果顯示，那些負責做出入學許可決定的人在審查入學申請書時，會在不知不覺間受到天氣狀況的影響。

研究人員藉由一套他們暱稱爲「書呆子指數」的標準，發現雲層分布的變化會讓候選學生獲得入學許可的機會增加或減少十一・九%。

研究人員發現，如果審查時剛好是陰天，評審委員會比較重視學生的學術成就；在晴天時，評審委員比較會偏重學生在非學術性、團體活動與體育方面的表現。

西蒙頓博士（Dr. Uri Simonton）說：「從這項結果可以看出，根據審查日當天的天氣狀況，專業的入學許可評審委員將會特別看重申請者的某些特質。」

在研究中，西蒙頓博士分析了數百份大學入學許可書、檢查申請履歷，並且將兩項資料拿來與審查日當天的天氣狀況做比較。除此之外，他把學生的學業成績除以團體活動成績，並將所得到的數字暱稱爲「書呆子指數」。

研究報告指出：「在陰天獲得入學許可的學生，其『書呆子指數』比在晴天獲准入學的學生明顯高出許多。」

由此看來，如果審查當日碰到不恰當的天氣，對於審查結果可能有相當重大的影響。「根據估計，如果審查日當天的雲層分布狀況非常理想，那麼申請人獲得入學許可的機率將會比雲層分布狀況非常差時增加十一．九％。如果審查當日天候不佳，申請人的學業成績必須提高二十八．五％，才能得到類似的入學機率。」

儘管目前科學家仍然無法解釋這種現象，但是有一項理論認爲，人的情緒會受到氣候的影響。天空烏雲密布時，人們的心情會變得比較糟，而心情不好的人往往會比較精明刁鑽。其他的研究則顯示，人們在陰天時給的小費會比較少。

研究人員表示，在不同的情況下，專家對同一份資料的判斷也會不一樣，但是到目前爲止，大家都認爲這是疲勞、厭倦以及注意力不集中所造成。

氣候變遷評估

肥胖的人除了傷害自己的身體，恐怕也正在毀滅地球。

根據研究人員估計，全球肥胖人數大幅提升，導致溫室氣體的排放量增加。

他們的研究顯示，過去十五年來，地球上每個人平均增加五公斤的體重，這也讓溫室氣體總量上升了五％到十％。

研究人員建議政府對食物課徵肥胖稅以因應上述課題，他們調查與肥胖有關的各項成本，包括：爲了載送越來越胖的旅客造成油料成本增加，爲了生產更多食物導致能源使用量提高，肥胖的人從事久坐活動（例如看電視）造成的能源浪費，爲了滿足人們口腹之欲而生產更多的肉類、養更多的家畜、使用更多的肥料，以及更多的排泄物與垃圾。

這項研究是由瑞士蘇黎世大學（Zurich University）邁克洛瓦博士（Dr. Axel Michaelowa）主持，他說：「這些都只是保守估計，因爲還有其他許多成本沒有考量進來。據估計，每年工業化國家大約會排放兩百億公噸的溫室氣體，其中因肥胖而產生的溫室氣體就占大約五％到十％。

「肥胖會提高溫室氣體的排放量，因爲要載運越來越胖的乘客，就必須使用更多燃料；爲了生產更多食物，就會產生更多溫室氣體；而且，越來越多的有機廢棄物也會導致甲烷排放量提高，此外還有許多其他因素。我們的目標是要評估肥胖人數的增加對於溫室氣體的排放量會有什麼影響。」

根據最新的調查數字顯示，英國的肥胖人口大約占總人口的二十四％，而且從幾年前開始這個數字就不斷攀升；此外，肥胖也會提高癌症、心臟病以及其他健康問題的風險。

這項發表於《生態經濟》（*Ecological Economics*）期刊的研究中，研究人員調查如果人們的平均體重增加五公斤（或十一磅），會造成什麼影響。研究人員之所以選擇這個數字，是因爲過去十五年來，美國與其他國家的人民平均增加五公斤。

從交通運輸方面來看，載運體重較重的乘客大約增加了一千零二十萬公噸的二氧化碳。其中，汽車所排放的二氧化碳最多，共增加八百七十萬公噸；航空運輸的二氧化碳排放量增加一百二十萬公噸；鐵路方面則增加了二十八萬公噸的二氧化碳。

研究人員表示，肥胖人口增加是因爲人們越吃越多，而且跟以前比起來，人們吃下更多富含飽和脂肪的食物，例如肉類和乳製品。他們說，從一九六四年以來，工業化國家的肉類消耗量增加了四十三%、牛奶的消耗量增加了十四%。

另外，研究人員也分別算出肉類、小麥與烘焙食品等主要食物在製造過程中會產生多少二氧化碳。他們發現，自一九六〇年代中期以來，工業化國家的平均每日飲食攝取量已經從十二・三四百萬焦耳（megajoule）增加到十四・一五百萬焦耳。研究人員估計，在肉類等發胖食物的生產過程中，共排放了四億公噸的二氧化碳。

要生產更多的食物，就表示我們需要更多的動物，於是研究人員調查這些多出來的牛、豬、雞總共產生了多少甲烷以及其他溫室氣體。此外，他們也調查了食物生產過程中需要多少燃料、小麥、肥料與化學製品。

人們吃下的食物越多，排泄物也越多。據估計，由於食物消耗量的增加，從一九九〇年以來，人們共產生了七百五十萬公噸的排泄物，相當於四百五十萬公噸的二氧化碳。

除此之外，人們看電視的時間也比以前更多，這不僅跟肥胖人口的增加有關，也會提高能源使用量，因此研究人員也計算這個活動共耗費多少能源成本。他們發現，每多看一個小時電視，就會產生相當於兩千五百萬公噸的二氧化碳。

▶溫室氣體：大氣層中會造成地球「溫室效應」的氣體，其特性是會吸收地球所散發的紅外線能量，然後再釋出，如此又再加熱地表，使得大氣層內的環境變得越來越熱。地球大氣中常見的溫室氣體是水蒸氣、二氧化碳、甲烷、一氧化氮、氟氯碳化物和臭氧等等。水蒸氣的溫室效應作用最大，不過它們是水循環的一部分，數量大致穩定而不會累積。二氧化碳多因人類燃燒石化原料（煤、石油）而大量釋入大氣中，甲烷則是因大規模的畜牧而生成。

單單在英國，民眾每多看一個小時電視，就會排放一百三十萬公噸的二氧化碳。

邁克洛瓦博士說：「幾乎對所有國家來說，肥胖都是一個日益嚴重的社會問題。我們的研究顯示，肥胖會提高溫室氣體的排放量。對經濟合作暨發展組織（Organization for Economic Cooperation and Development, 簡稱OECD）國家而言，只要人們的體重平均增加五公斤，在交通運輸方面就會增加一千萬公噸的二氧化碳。在食品生產方面，我們發現在生產肉類、乳製品等發胖食物時，溫室氣體排放量增加了將近四億公噸。總的來看，因肥胖而造成的溫室氣體總排放量多達好幾億公噸。」

8

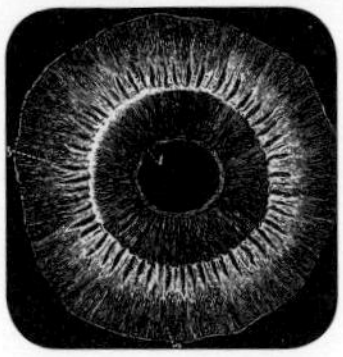

如何算出贏家、揪出說謊者，以及讓口香糖不再黏在人行道上

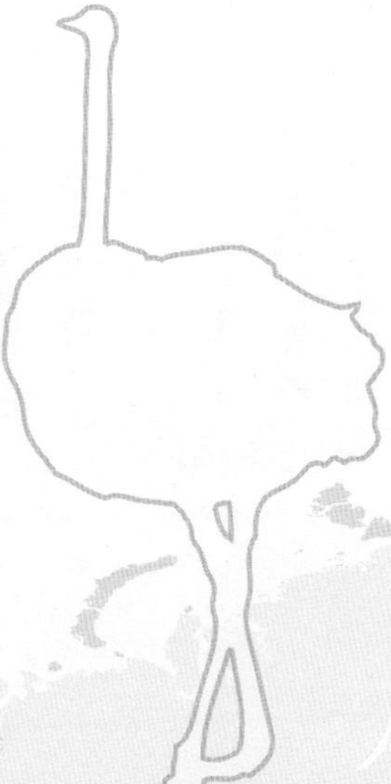

算出贏家

$$f_{ij} = f_i + (f_i - f_{av}) - (g_j - g_{av})$$

上述公式能夠算出誰會贏得溫布頓網球賽的冠軍獎盃。

這個公式是由一群數學家所發明，而且賭博業者已經採用了他們之前發明的另一個公式，可用來預測單場比賽的勝負。這幾位數學家表示，賭客和溫布頓網球賽的主辦單位可以利用這個公式來計算單場比賽會進行多久，並預測誰能晉級下一輪比賽。

這項研究結果發表於《管理數學期刊》（*Journal of Management Mathematics*），領導這項研究的伯內特（Tristan Barnett）表示：「我們的工作就是整合所有選手的統計資料，以預測出網球比賽的結果。只要將先前公布的網球統計資料加以整合，就能預測兩位上場球員的發球狀況。接著我們就可以利用這些資料來預測進一步的比賽結果，例如像是比賽耗費的時間以及兩位選手個別的獲勝機率。」

由於男子組網球比賽的關鍵就在於發球狀況，因此澳洲斯威本大學（Swinburne University）的研究人員便將每位男子選手的發球與回擊統計資料加以整合。

研究人員利用排名前兩百名的選手公開資料來計算發球局得分、首發得分以及回發球得分的機率。這是個非常複雜的計算，因爲它要考慮的不只是發球者的能力，回擊者的能力也要納入考量。

伯內特博士說：「儘管我們預期一位好的發球者會在其發球局中取得高於平均值的得分率，但如果他的對手擁有很好的回擊能力，前者的得分比率可能就會降低。」

當研究人員把所有資料都納入考量之後，得出一個能夠預測發球與回發球成功率的主要公式。此外，這個公式所算出的結果也證實「發球上網型的球員在草地球場表現最佳」。

伯內特表示：「簡單來說，我們計算一名選手發球得分率的方法，就是把他過去參加該錦標賽的總發球得分率（考量到比賽場地），加上該名選手超過平均值的發球率，再減掉對手超過平均值的回擊率。」

研究人員用二〇〇三年澳洲網球公開賽中羅迪克（Andy Roddick）對艾諾伊（Younes El Aynaoui）的比賽來測試他們的公式，他們發現，這個公式能夠準確地預測比賽結果，包括比賽的時間長度。

研究人員說：「這個公式能夠套用在許多地方。在規劃賽程時，主辦單位也想要預測每位選手的晉級機會，以及比賽可能會進行多長時間。如果比賽時間拖得太長，不但接下來的賽程必須重新安排，也會打亂媒體的轉播時間。」

2003年澳網這場比賽堪稱澳洲網球公開賽的一場經典戰役，不僅比賽時間長達五個小時，第五盤更費時兩小時二十三分鐘，創下大滿貫公開賽年代以來最長的一盤，整場比賽高潮迭起，最後由美國選手羅迪克獲勝。

眉毛測驗

又高又彎的眉毛已經過時了，現在流行的是眉峰較低的眉形。

根據研究人員的說法，再過幾年，曾經風行一時的高聳眉毛可能就會完全消失。

研究人員表示，最具吸引力的眉形是稍微比眼睛高一點而眉峰大約落在眉長三分之二的位置，也就是從眼尾向內算起大約九厘米處的上方。現在，客戶在進行整型手術前都會要求醫師把他們的眉毛位置放低一點。

研究人員將研究結果發表於《美容醫學》期刊（*Aesthetic Plastic Surgery*），他們說：「現代人對於提眉的看法已經和以往不同了。整型醫師在進行提眉手術時，常常把眉毛的位置拉得太高、把眉峰放在眉毛中間，這樣的眉形往往讓病人看起來像是帶著一臉驚訝的奇怪表情。」

人們在評定臉部五官的魅力時，總是把眉毛視爲最重要的特徵之一。以前，又細、又高、又彎的眉毛曾經很流行，因爲人們認爲這樣的眉形能讓女性看起來更年輕。

但是，根據德國雷根斯堡大學（University of Regensburg）整型醫師所做的研究，以及約翰霍普金斯大學（Johns Hopkins University）的另一份研究報告，位置較低的眉毛才是未來所流行的眉形。

在德國的研究中，研究團隊找來三百五十位年齡在十二歲到八十五歲之間的受試者，讓他們看各種眉形的女性照片。照片中的女性眉形大致可分爲三種，其中一種是位置最高且眉峰位於眉毛中間的彎形眉，其餘兩種眉形的眉峰位置都是在眉毛後三分之一的地方，後面兩種的不同處只在於其中一個眉峰稍微高一點。

研究結果顯示，年輕的男性與女性都認爲眉毛位置較低的那兩種眉形比較有吸引力，然而年紀較大的人覺得彎形眉比較好看。

研究人員說：「二十九歲以下的年輕人認爲彎形眉不好看，他們比較喜歡位置較低、眉峰在眉尾算起三分之一處的眉形。這種眉形在近幾年越來越受歡迎，儼然成爲新一代的理想眉形。」

「從這些資料可以看出，一般人心目中的理想眉形正在改變，因爲年輕人偏愛的眉毛位置和年紀大的人不一樣。一般說來，年輕人才是潮流的創造者，因此我們可以斷言，目前的流行趨勢偏愛位置較低且眉峰位於眉毛後三分之一處的眉形。」

「又高又彎的眉毛將會漸漸式微，在二、三十年之後隨著目前五十歲以上的世代逐漸凋零，這種眉形甚至也會跟著消失。」

然而，就連年紀較大的女性也選擇位置較低的眉毛：「很多女性都認爲不但要讓自己看起來很有魅力，同時還要看起來符合時尚。很明顯的，現在就是流行這種位置較低的眉毛，因此無論她們是什麼年紀，追求時尚的女性都會努力地把眉毛畫低一點。」

約翰霍普金斯大學的研究團隊也發現了類似結果。研究人員訪談了一百位受試者，並將二十七張照片拿給這些人看，同時請他們評定照片上的人是否具有吸引力；研究人員說：「結果顯示，跟以往流行的理想眉形比起來，眉毛位置較低、眉峰弧度也沒有那麼大的眉形更能吸引多數人的目光。」

凝視雙眼

眼睛眞的是靈魂之窗，或者至少可以從中看出一個人的個性。

根據新的研究顯示，從一個人的眼睛虹膜構造可以看出他的個性。跟虹膜結構較爲鬆散的人比起來，虹膜結構較爲緊密的人，其個性比較溫和、比較容易相信別人，同時也比較開朗樂觀。

虹膜上面溝紋較多的人個性比較衝動、比較神經質，而且自律甚嚴。此外，虹膜上有很多收縮溝的人也比較沒辦法控制自己的慾望和衝動。

虹膜結構較密集的人個性比較積極、比較容易相信別人、而且很直率。

領導這項研究的行爲學家拉森（Mats Larsson）說：「我們發現，虹膜組織（隱窩和收縮溝）的差異性和一個人的個性有關。這項發現讓『盡在眼裡』不再只是隨便說說。我們的研究結果顯示，虹膜組織的差異確實能用來當做一種生物標記，它能夠反映出人們在遺傳基因與個性方面的差異。」

一直以來，人們都認爲眼睛可能和個性存在著某種關聯，但是大部份的研究都著重在眼睛的顏色。有些科學家找到其中的一些關聯，特別是在小孩子身上，但是其他研究都無法證實眼睛與人的性格有關。

這項新的研究是以虹膜的結構爲基礎，而不是著重於眼睛的顏色。它的理論基礎在於「與虹膜發展有關的基因，也同時涉及了與個性有關之腦區的發展」。

這項研究是科學家首次針對虹膜結構與個性進行研究，此外，該研究也顯示，每個人的虹膜組織之所以不同，有九十%是因爲基因的影響。

這個研究發表於《生物心理學》（*Biological Psychology*）期刊，其中，瑞典厄勒布魯大學（Orebro University）和卡羅琳斯卡學院（Karolinska Institutet）的科學家分析了超過四百位受試者的眼睛，並且對這些受試者進行性格測驗。

研究時，科學家們特別重視與虹膜的厚度與密度有關的隱窩和收縮溝這兩種特徵。

這兩種特徵之所以重要，是因爲胚胎期間隱窩和收縮溝的發展會受到某一種基因的影響，而這種基因也和大腦前葉的發展有關。

其中，Pax6基因與兩者的發展都有關係。研究大腦的科學家已經證實，基因發生變異的人很容易出現異常行爲，包括衝動以及缺乏社交技巧。

研究結果顯示，虹膜的隱窩結構較密集的人比較能接受自己內心的感覺，他們也比較懂得體諒別人、關心別人的需要，相較之下，隱窩結構不太稠密的人就沒有這些特色。

跟隱窩結構比較空洞的人比起來，隱窩結構較密集的人在個性上比較溫和、比較容易信任別人，他們也比較容易產生並且表達正面的感受，例如愉快、幸福和興奮。

收縮溝不僅和虹膜當中的五個細胞層之厚度與密度有關，它也和一個人的性格有關。和收縮溝較少的人比起來，虹膜的收縮溝較多的人比較沒辦法控制自己的慾望和衝動。

拉森說：「從我們的研究結果可以看出，不同的虹膜組織反映出不同的性格發展。」

「如果你的虹膜結構很密集，你可能就會比較熱情。此外，你會有比較多的正面情緒、比較願意去體驗生活、比較容易相信別人，同時你也會比較率真、比較體貼。相對來說，你的隱窩數量越多，你的熱情就越少。」

比較小嬰兒的長相

新生嬰兒長得比較像媽媽，比較不像爸爸。

媽媽們可能會說小嬰兒長得比較像爸爸，但這或許是女性長久以來發展出的一項策略，目的是爲了減輕男性對於自己是否眞的是小孩父親的懷疑。

而且，當男性對於自己是否是父親的可能性越是心生疑懼，女性就越有可能說小嬰兒長得像爸爸。

根據研究指出，這種做法眞的有效，因爲只要爸爸們在小嬰兒身上看到自己的模樣，就會打從心底油然生出父愛，同時更願意好好照顧媽媽和小孩。

英國雪菲爾大學（University of Sheffield）的佛瑞博士（Dr. Charlotte Faurie）說：「我們發現，媽媽們把長得不太像爸爸的小嬰兒說成很像爸爸，可能是要讓男性覺得他們與嬰兒有著相似的臉龐，讓他們更有信心承擔起當爸爸的責任。」

這項研究共包含一百個嬰兒以及他們的父母，另外還找來兩百六十位不相干的人做評判，看看小嬰兒與他們的父母、兄姊是否有任何相似之處。接著，研究人員再比較爸爸媽媽以及評判者的看法。

研究結果顯示，每一個生男孩的媽媽都會說兒子長得像爸爸，在生女孩的媽媽之中，有七十七%的媽媽會說女兒跟爸爸比較像。在十個男性當中，有八個以上覺得小孩子長得跟自己很像。

但是其他評判者的看法跟父母親完全相反，有五十%的評判者認爲小孩子長得像媽媽，只有三分之一的人覺得小嬰兒長得像爸爸。

研究報告指出：「有八十三%的爸爸認爲小孩跟自己很像，其他不相干的評判者則抱持相反的看法。」

「小孩出生時，媽媽們顯然都認爲小嬰兒長得比較像爸爸。」

「這種『藉由強調父親與嬰兒長相類似，來平撫男性心中的恐懼、讓他們相信自己就是小孩的父親』的心理機制是

經由演化而來，它可以幫助女性掩飾其欺騙行爲，而媽媽與其他不相干的人對於小孩的長相有相互矛盾的說詞，正好支持這種看法。」

研究報告指出，女性已經發展出一些策略來因應男性對於其父親身分的不確定：「其中一個辦法就是強調小孩的長相和爸爸很類似。這個方法可以讓男性確定自己的父親身分：對婚姻不忠的媽媽們能夠藉此減輕丈夫的疑惑，貞潔的媽媽則能夠讓丈夫更樂於當一個好爸爸。」

報告中也提到：「我們發現，小孩出生時明明長得不像爸爸，但是媽媽們卻說小孩跟爸爸很像，這表示女性可能是要利用長相的相似度來加強男性對於父親身分的信心。」

揪出說謊的人

其實，說謊的人一點兒也不會感到緊張不安。

根據研究人員表示，跟說實話的人比起來，說謊的人不太會觸碰自己的鼻子、比較少撫弄頭髮、也比較不會用手指指點點。但是他們的手確實比較容易上下擺動，而且在描述一個東西時，他們也比較會用手比出形狀。

關於說謊有一個所謂的「皮諾丘理論」，認爲人在說謊時更常搔抓鼻子，如今這套理論的眞確性受到了質疑，研究結果顯示，手部的動作與手勢能夠用來判斷一個人是否說實話。

研究人員提醒說，從研究結果來看，警方常常用來揪出說謊者的那套方法其實並不可靠。

研究也顯示，有犯罪嫌疑的人在警方偵訊時更有可能保持平靜，因爲他們必須比說實話的人更加專注。

英國普茲茅斯大學（University of Portsmouth）的心理學家曼恩博士（Dr. Samantha Mann）說：「一般認爲，當人們在說謊時，搔抓鼻子、把玩頭髮等等我們稱爲自我操控的手勢會變多。人們都認爲說謊者會很緊張、會耍一些花招、或是表現得很煩躁，然而我們的研究結果顯示眞相並非如此。」曼恩博士針對嫌疑犯的研究，也顯示說謊的人不會迴避眼神的接觸。

「有個理論認爲，人在說謊時必須更仔細地思考，當我們努力思考時，往往會表現得更鎮定、動作也會變少，因爲我們正努力地想要專注。另外一個解釋是說，人們都認爲說謊者會很緊張，並且會做出抓搔鼻子等動作，於是說謊的人反而故意不做這些舉動。」

這項研究發表於《非語言行爲期刊》（*Journal of Nonverbal Behavior*），其中，來自英國普茲茅斯大學與義大利幾所大學的科學家觀察一百三十位男女受試者，看看他們在說謊與說實話的時候是否會出現直證型、隱喻型、自我調整型、節奏型、象徵型、凝聚型與圖像型等七種不同的手部動作。研究人員也會故意讓受試者以爲自己被列爲犯罪嫌疑人，並藉機觀察他們的表情與動作是否出現任何變化。

研究結果顯示，跟說實話的人比起來，說謊者比較不會出現自我調整型的舉動，例如搔搔鼻子、摸摸頭髮或是觸碰身體其他部位等等舉動，在說謊者身上少

⊙用手指直接去指事物就是一種直證型動作。

了十五％到二十％。他們的直證型動作也比說實話的人少了二十％左右。

當受試者說謊時，他們的隱喻型手勢會多出二十五％，也就是他們會用手描繪一個形狀來做比喻，例如以拳頭來表示力量、描繪一個杯子來表示知識的總和等。研究人員說：「當人們試圖讓自己看起來更有說服力時，這種隱喻型的動作就會變多。」

受試者在說謊時也比較會做出一些一般人所熟悉的象徵型動作，例如像是大拇指朝上表示讚賞、朝下表示反對，或是大拇指與食指圈成一個圓圈表示同意等等。另外，說謊者的節奏型動作也會比較多，例如手或手指會上下擺動以對應說話的節奏。

如果人們說的是實話，他們的凝聚型動作就會稍微多一點，例如反覆做出個人的特殊手勢或動作。此外，人們在說實話時也比較會出現一些圖像型的手勢，也就是用手比劃一個眞實的形象來解釋他們說的東西，例如描繪一個時鐘或是一間房子。

研究結果顯示，當人們被告知自己有犯罪嫌疑時，他們的手部動作確實會改變，但是無論說實話的人或是說謊者其手勢變化都很類似；研究人員說：「由此可見，當人們的疑心被挑起之後，要從他們的動作變化判斷這個人是不是在說謊其實是很困難的，也就是說，警方慣用的測謊技巧並不可靠。」

好笑的基因

根據一項超過四千個雙胞胎參與的研究顯示，英式幽默可能來自遺傳。從研究結果來看，英國人遺傳了典型的英式幽默元素，然而這種遺傳因子在美國人身上就找不到。雖然英國人和美國人的血液裡都流著正向的幽默因子，例如兩國人民都會說笑話並且樂觀地面對生活，但是只有英國人才具備嘲笑和戲弄別人的負面幽默成分。

研究人員表示，這或許可以解釋英國人爲什麼會喜歡《法提旅館》（Fawlty Towers）、《黑爵士》（Blackadder）和《辦公室風雲》（The Office）之類的節目，其中所謂的「幽默」幾乎算是帶有攻擊意味的嘲諷、詆譭和自我貶低。團隊成員馬汀博士（Dr. Rod Martin）說：「英國人和美國人的幽默感之所以不一樣，可能是因爲不同的遺傳因素與環境影響的結果。」

「舉例來說，英國人可能比較樂於接受各種不同的幽默展現方式，例如許多北美人士可能會認為《法提旅館》和《黑爵士》這些電視節目都在惡意的嘲諷或是抹黑別人，但英國人卻覺得無傷大雅。跟英國原版的《辦公室風雲》比起來，北美自製的版本中，主角的白目與偏執程度已經少了很多。」

研究人員表示其中有一種可能的原因，那就是「幽默的展現方式」與「個性」可能都和同一套遺傳基因有關。

這項研究發表於國際雙胞胎研究學會（International Society for Twin Studies）的《雙胞胎研究與人類遺傳學》期刊。研究中，研究人員觀察了將近兩千對英國雙胞胎，看看基因與環境對於人們的幽默型態是否會造成影響。另一項即將刊登於《個性與個人差異》（*Personality and Individual Differences*）期刊的研究，則是以五百對北美雙胞胎為研究對象。

參與研究的雙胞胎年齡介於十八歲到七十四歲，研究人員請他們填寫一份特殊的問卷，並藉由這份問卷來評估受試者的幽默程度與型態。這份問卷有三十二道題目，能夠辨別出四種不同的幽默型態，包括親和型和自我強化型這兩種正面的幽默型態，以及攻擊型和自我貶抑型兩種負面幽默型態。

親和型幽默的人會說一些有趣的事、講笑話或是做一些詼諧的舉動來娛樂別人、增進社交關係，並且緩和人際之間的緊張氣氛。自我強化型的幽默則認為人生要用積極正向的趣味心態來面對，這種人會以詼諧的態度看待生命中的不完美，並且以幽默感來化解壓力。

攻擊型的幽默通常用來批評或操弄別人，例如嘲諷、戲弄和揶揄他人，同時也可能涉及人身攻擊、或是出現性別歧視或種族歧視的玩笑話。自我貶抑型幽默的人會說一些自己的有趣遭遇來逗別人高興。

在這項雙胞胎研究中，科學家假設每對雙胞胎受到的環境影響都一樣。但是在基因影響方面，同卵雙胞胎所受的基因影響力是異卵雙胞胎的兩倍，因爲前者的基因完全相同，後者則只有五十%的相同基因。

研究人員將同卵雙胞胎與異卵雙胞胎的問卷進行比較分析，想要藉此找出幽默的遺傳因素。

在美國雙胞胎的研究結果中，研究人員發現，每對雙胞胎之所以出現親和型與自我強化型的差異，主要可歸因於基因與不同環境的雙重影響。然而攻擊型和自我貶抑型的幽默差異大部分是因爲生活環境所造成的。

在英國的研究中，資料是取自雙胞胎及遺傳流行病學研究中心（Twin Research & Genetic Epidemiology Unit）、倫敦國王學院（King's College London）以及聖湯瑪斯醫院，結果顯示四種幽默型態都受到基因影響。同卵雙胞胎擁有相同幽默型態的機率是異卵雙胞胎的兩倍。

研究人員說：「英國這項研究的主要目的，原本是爲了要證實北美的研究結果，也就是我們想要確認親和型與自我強化型的差異，主要可歸因於基因與不同環境的雙重影響，而攻擊型和自我貶抑型的幽默差異，大部份是由於生活環境所造成。但是我們卻在英國的研究中發現，四種幽默型態主要都是受到基因與不同環境的雙重影響。」

西安大略大學心理學系的馬汀博士表示，這兩項研究的目的是要找出幽默感是否會受基因影響。

他說：「大部份的人都認爲自己很清楚什麼是幽默，但是當你進一步探究並試著了解他們的意思，你會發現每個人對於幽默都自有一套見解。透過幽默型態的問卷調查，你可以知道自己的幽默感屬於哪一種類型，並且知道我們如何在日常生活中展現自己的幽默。」

「在北美洲的樣本中，我們發現兩種正面幽默型態有一部份是因爲基因的影響，然而在兩種負面的幽默型態中，則完全找不到任何基因影響的證據。」

「在北美家庭中，幽默感似乎是經由學習而來。相同的生活環境會對幽默感造成重要的影響，這表示如果在一個具有負面幽默感的家庭裡面成長，將來也會發展出相同的負面幽默型態。」

「但是在英國的研究中，我們發現受試者的四種幽默型態都受到基因影響。在英國，負面幽默感的成因有五十%是來自遺傳因素。」

將軍！

女性的棋藝並不壞，人們認爲女生不會下棋其實只是刻板印象。

根據新的研究顯示，女性在下棋時沒有好的表現，並不是因爲棋藝不佳，而是她們心裡明白，人們認爲女性在這個屬於男人的堡壘中不可能會有好的表現。

在一系列的網路下棋實驗中，科學家證實性別的刻板印象對棋手確實有著相當大的影響。他們的研究顯示，當女性與男性對弈時，女性的表現就會下降五十％。然而如果對手是男性，但她們卻以爲對方也是女性時，女性棋士的表現和男性對手一樣優秀。

在《歐洲社會心理學期刊》（*European Journal of Social Psychology*）發表〈將軍？論性別刻板印象在智力極限運動中所扮演的角色〉論文的研究人員說：「在這篇論文中，我們認爲女性在棋藝領域表現不佳，主要是受到性別刻板印象的影響。當女性和男性對弈時，性別刻板印象會大大地削弱女性棋手的戰力，讓她們的表現下降五十%。有趣的是，當女性以爲對手跟自己同樣性別時，這個不利條件就完全消失。」

研究人員表示，西洋棋壇中的女性比率出奇地低，在全球各地登記參加比賽的選手當中，女性棋手的比例不到五%；另外，世界級的西洋棋高手中，女性人數也只占了一%。對於這些現象，人們也提出了很多原因，包括女性缺乏空間能力、攻擊性和策略運用的能力比不上男性、以及男性的好勝心較強等等。

在這項研究中，科學家觀察玩家們在知道與不知道對手性別時各會出現什麼反應。由於玩網路下棋遊戲時彼此都看不到對手是誰，因此研究人員才能進行這場匿名遊戲。

研究人員找來四十二對棋藝相當的男女玩家，讓他們透過網路下兩盤棋。在部份的實驗中，玩家們不知道對手的性別，而且有的人是與同性對弈、有的人則是和異性下棋。進行實驗時，研究人員也故意把「女性不會下棋」這種刻板印象灌輸給玩家們。

研究結果顯示，當玩家們不知道對手的性別時，女性玩家的表現就和男性玩家一樣好。但是當女性玩家得知自己的對手是男性時，她們的表現就一落千丈。如果研究人員故意誤導女性玩家、讓她們以爲對手也是女性，此時她們的棋藝並不會輸給與她們對弈的男性對手。

義大利帕多瓦大學的研究人員說：「當女性心裡的刻板印象被喚起、並且得知對手是男性，她們的戰力就會降低五十%。在這種情況下，女性的獲勝率只有四分之一。然而，若這幾位女性誤以為對手也是女性，她們的獲勝率就增加為五十%。沒想到，當女性認為對手跟自己相同性別時，她們的表現竟然大有起色。」

「女性棋手面臨的難題，主要或許在於她們心裡明白，在這個男性所主導的領域中，人們並不看好女性的表現。不只是因為女性在下棋時常常被說成是憋腳（或是「很娘」）的玩家，就連她們表現得特別好的時候，她們的女性特質也常常受到懷疑。」

「我們的研究結果也顯示，整體來說，女性在下棋時往往會比較謹慎而且比較沒有自信，這可能是因為她們在男性主導的領域中被污名化。我們所獲得的第二項訊息則是，自信心與必勝心可以大大地促進棋藝表現，這現象相信大家早已耳熟能詳。跟男性比起來，女性在棋藝方面的自尊比較低，下棋時也顯得小心翼翼，這可能是因為人們普遍存在著性別刻板印象的結果，或許這個原因可以部份解釋為什麼女性在世界棋壇的能見度不高、表現也不是很出色。」

研究人員又說：「由此看來，女性在棋壇居於弱勢，不是因為她們缺乏某些認知或空間能力，而是因為她們要比男性對手更沒有自信，下棋的時候也太過謹慎。」

慣用左手或慣用右手

雙手一樣靈巧的人，或許沒有人們想像的那般聰明。

事實上，研究顯示，他們可能還比不上被迫變成左撇子或右撇子的人。

研究人員說：「我們的結果顯示，相對於慣用左手或慣用右手的人，雙手一樣靈巧的人其智力表現確實比較差。」此外，研究人員也發現左撇子或右撇子在智力的表現上並沒有什麼差別。

科學家對於用手習慣與智力之間的關係一直很有興趣，這項新的研究中，心理學家分析了大約一千三百位男女受試者的智力測驗成績與他們的用手習慣。

分析結果顯示，這些受試者的智力最低爲八十五、最高達一百三十五，平均智力爲九十九．六。然而，雙手都很靈巧的那一組受試者，平均智力比所有受試者的平均智力低。

研究人員對智力測驗的每個項目進行個別分析，發現雙手同樣靈巧的受試者在算術、空間能力、語言、記憶以及推理方面的表現比較差。另外，雙手同樣靈巧的男性受試者在社會知識方面的成績則高於的整體平均值。

研究人員將結果發表於《神經心理學》期刊，他們說：「跟左撇子或右撇子比起來，雙手都很靈巧的人在智力測驗各個項目的表現都比較差，但是他們在社會知識方面表現得比較好，其中，左右手都運用自如的男性受試者在社會知識方面的成績有稍微好一點。整體來看，雙手都很靈巧的受試者在智力測驗的表現上比慣用左手或慣用右手的人差，尤其是在算術、記憶與推理這幾個項目。」

目前科學家仍然無法解釋爲什麼雙手都很靈巧的人其智力表現較爲不好。一直以來，人們都認爲雙手運用自如的人一定比較優秀。

紐西蘭奧克蘭大學（University of Auckland）的研究人員表示：「其中一種可能就是，雙手都可以寫字這個現象本身代表一種心智概念上的混淆，他們或許搞不清楚哪一隻手是左手或右手，也不清楚哪一隻手是自己的慣用手。」

另一種可能的原因就是，雙手運用自如代表他們不像大多數人會出現左腦優勢或右腦優勢，也可能因此缺乏左右空間感。

研究人員指出，除了學業能力以外，雙手運用自如也和某些個人特色有關。他們表示，有一些證據顯示，這種人容易產生幻覺以及超自然的想法。

據指出：「儘管這些特質帶有負面的涵義，或許也代表創意和領導魅力。」

研究口香糖

「走路時踩到黏在地上的口香糖，回到家之後，鞋底的口香糖又黏到地毯上」，人們或許不會對這方面的研究感到多大的興趣，但是它可能有相當重要的意義。

光是在英國，地方政府每年幾乎都要花兩億英鎊來清理人們亂吐在地上的口香糖，所以，如果有人發明出不黏的口香糖，一定會大受歡迎。但是人們花了超過二十五年的時間，才明白這種口香糖根本不可能出現。

問題在於，現在的口香糖是以合成乳膠爲原料，並添加柔軟劑、增甜劑以及香料。這種合成乳膠富有延展性、能夠抵抗化學品的侵蝕，同時具有很強的黏性，因此口香糖能夠黏在任何東西上。

要改變口香糖的黏性，就必須改變其主要乳膠成分的化學結構。但是這個主要成分也決定了口香糖的味道、嚼勁與清涼感等重要的商業機密。長久以來，科學家一直努力地研究口香糖的成分，然而，要讓口香糖不具黏性或是能被生物分解，同時還得兼具各種必要的商業條件，實在是一項艱鉅的挑戰。

想要研發出一種容易清理的口香糖，最重要的就是如何讓口香糖的成分在聚合力與黏性之中取得平衡。舉例來說，如果用聚合力強且黏度低的成分來製作口香糖，口香糖的殘渣就能夠在路面上彈跳（就像一顆皮球一樣），但是這種口香糖將會硬到嚼不動。因此，要發展出一種能夠放在嘴巴裡咀嚼、同時又能輕易從表面上去除的成分，眞的是化學成分與食品配方兩方面都十分棘手的問題。

爲了迎接這個挑戰，英國布里斯托大學（Bristol University）與瑞莫瑪（Revolymer）口香糖公司的研究人員，一直在努力研發不同的配方。

他們找出兩百種以上的不同配方，試著從裡面找出不具黏性的口香糖；由食品科學實驗室所做的口香糖就超過一千片。

在各種實驗中，研究人員曾經把嚼過的口香糖黏在許多不同的表面上，也曾經連續好幾個小時咀嚼同一片口香糖，看看口香糖會不會因此失去味道與嚼勁。他們將嚼過的口香糖黏在玻璃、衣服、地毯、頭髮、鞋子以及各種可能的物體上，希望能找出最優秀的口香糖成分。

最後，研究人員在主要成分裡面添加了一種聚合物，這種聚合物似乎能夠讓口香糖在水中分解並失去黏性。他們將這種聚合物加到口香糖裡面，取代原有一些無法分解而且會產生黏性的成分，終於創造出一種擁有「好口感」的口香糖，而且當它黏在路面或物體表面上時，只要用噴水器噴上一些水、再用刷子刷一刷就能夠輕鬆去除。

研究人員與地方政府合作，在英國各處鄉鎮進行多次的街頭實驗，看看這個新產品與市面上的口香糖哪一種比較容易清除。在實驗中，領導品牌口香糖平均每四次的清除中有三次仍然黏在人行道上，但是該項新產品在二十四小時之內就因爲雨水沖刷等自然現象而自行脫落。

在布里斯托大學任教，同時擔任瑞莫瑪公司科技總監的柯茲葛洛夫教授（Terence Cosgrove）說：「這種新產品的優點是味道好、容易清除，而且能在環境中自然分解。我們的這項技術基本上就是在改良過的口香糖配方中添加雙極性聚合物，以改變口香糖殘渣的界面特性，讓它們比較不會黏在大部份常見的物體表面上。」

研究人員將這項新產品與市面上一些口香糖一起進行專家盲測，結果顯示，該項新產品的口感與嚼勁都和市面上的領導品牌一樣好。而且就算在口中連續咀嚼好幾個小時，這個新產品還是保持著柔軟的口感。

近幾年來，口香糖的銷售量一直持續成長，其中，無糖口香糖的銷量更是快速增加。根據英國環境、食品暨鄉村事務部（Defra）的報告，箭牌公司

（Wrigley）除了有多種口香糖品牌在英國販售之外，自一九九八年以來，該公司在歐洲與美國的口香糖銷售量更是成長了三成以上。

有很多不同的辦法可以用來清除黏在人行道上的口香糖。專門清除口香糖的清潔公司，一般收費標準大約是每平方公尺〇．四五英鎊到一．五英鎊，實際成本必須依據口香糖的清除方式、黏著的表面型態以及口香糖的數量來決定：二〇〇三年六月，政府總共花了八千五百英鎊來清除特拉法加廣場（Trafalgar Square）的口香糖。

由環境、食品暨鄉村事務部委託進行的一項全國調查報告指出，口香糖一直是人行道上的主要污染物，最嚴重的困擾是發生在學校、游泳池與電影院周邊。

9

測量手指長度、腿長、胸部的晃動幅度以及婚姻的和諧度

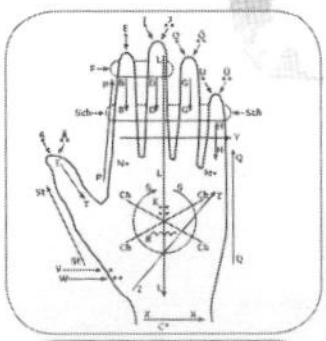

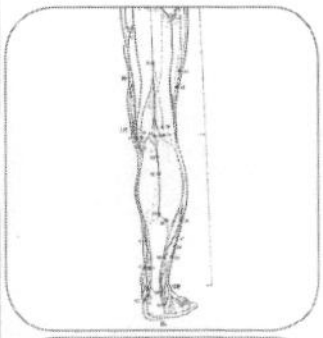

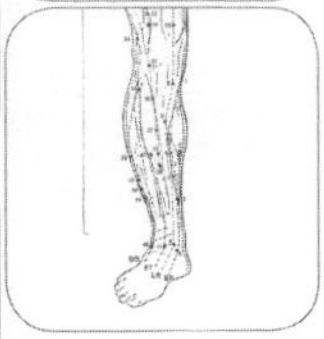

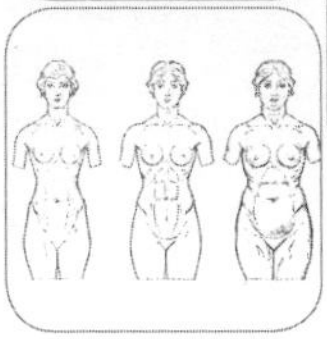

契合程度的研究

在兩性關係中，個人衛生比性與外表吸引力更為重要。除此之外，整潔習慣也比政治傾向更重要；而且，兩個人對電視肥皂劇是否有相同的喜好，重要性不輸於彼此的職業與性經驗。

以英國夫妻為觀察對象的研究顯示，只要讓夫妻雙方回答二十五個問題並且比對兩者的答案，就能夠估算出兩個人的契合程度。研究人員在快速約會實驗中進行一個短短五分鐘的測驗，他們發現，這個測驗能夠準確地預測出哪些受試者會互相看對眼、哪些人不會再往來。

這篇學術論文發表於《兩性關係治療》（*Sexual and Relationship Therapy*）期刊，第一作者威爾森博士（Dr. Glenn Wilson）是倫敦大學國王醫學院精神醫學研究所（Institute of Psychiatry）的人格研究高級講師，據他表示：「如果，讓兩個陌生人獨處三分鐘，然後問他們是否想要繼續約會、只當朋友、或是從此不相往來，我們這項測驗都可以得出毫不含糊的預測結果。」

共有一千多位男女受試者參與這項研究，其中包括從英國選民登記簿挑出的兩百對夫妻。在研究中，研究人員請這兩百對夫妻塡寫一份問卷，詳細說明他們的婚姻生活。第二項測試問的是婚姻生活是否幸福，並請他們評定每一項問題的重要程度。另外的六百一十五位受試者，也塡寫了第二份問卷。

問卷上共有二十五個問題，每一個問題都有五個選項。研究人員對受試者的答案差異度進行評分，並根據分析結果來評估受試者之間的契合程度。

分數在一百分以上的伴侶，表示他們的契合程度高於平均值；低於一百分的伴侶，代表兩人的契合程度比標準値低。在這項測試中，分數最低爲六十五分、最高爲一百四十五分。

研究結果顯示，不論男性或女性都認爲前五項應該是：忠於彼此、所尋求的男女關係類型、個人衛生、是否想要小孩、性慾。

關於個人衛生方面，研究人員根據受試者的回答來評定兩者的衛生習慣是否契合，這部份的問題包括：「你多久洗一次澡？」五個選項爲：「一天兩次以上、有時候一天兩次、一天一次、兩天一次、一週一次或是更少」。

此外，音樂偏好、身高、是否相信占星學、食物口味以及性經驗，則被認爲是兩性關係中比較不重要的部份。

威爾森博士說：「每項問題都有五個選項。你可以用這些問題來問已經結婚三十年的夫妻，也可以用它們來測試以前從未謀面的兩個人。」

「由於這是一個有關契合度的測試，因此它只能用來判定兩個人之間的類似程度。你可以用它來篩選伴侶，但是當你跟對方碰面時，或許會發現他不是你心目中的理想對象。」

「目前我們正在撰寫第二篇論文，在這篇論文中，我們研究的是『快速約會』（speed dating）。我們發現快速約會的結果也有辦法預先測知。從研究結果中我們發現，那些想要繼續約會的人，契合度測驗的分數比不想往來的人高了十分。前者的分數是一百一十分，後者只得到九十九分。」

「這個差距相當明顯。因爲已婚伴侶的平均分數爲一百一十六分，隨機配對的兩個人平均獲得一百分。這表示在快速約會中互相看對眼的兩個人跟已婚伴侶的平均分數已經非常接近。」

「每個問題各有五個選項。我們會先找出受試者的不同答案，並且用一個複雜的公式來計算兩人的分數。舉例來說，在忠誠度方面，如果其中一方說他們想要跟對方好好發展一段穩定的關係，但是另一方卻還不想定下來，在這種情況下，兩個人的分數就會倒扣四分。」

「接著利用公式調整，使得隨機配對的兩人平均爲一百分；得分越高契合度也越高。」

測量婚姻的不和諧程度

結婚的第一年，是婚姻中最幸福的時刻。

對於最終離婚收場的婚姻來說，兩個人最幸福的時光是在結婚後的頭一年。

在一項新的研究中，科學家首次對婚姻、幸福與生活滿意度進行大規模調查，他們也發現，最幸福的婚姻關係就是夫妻中有一個人負責賺錢養家、另一個人負責掌管家務。

在幸福程度方面，已婚的人比未婚者高出三十%，同居情侶的快樂程度也比沒有對象的單身貴族高了二十%。結婚後有小孩的已婚伴侶，如果夫妻中有一個人待在家裡照顧小孩，那麼他們在婚姻生活的初期也會比較快樂。

這項研究還發現，單身者在結婚之後會比那些仍然維持單身的人更覺得幸福，早婚的人也比其他人更快樂。

研究人員說：「我們找到了證據，證明比較快樂的單身貴族較有可能選擇婚姻。夫妻分工似乎能讓婚姻生活更加幸福，特別是對於女性以及有小孩子的家庭來說。和雙薪家庭比起來，夫妻分工的家庭平均擁有較高的生活滿意度。」

「相形之下，如果夫妻雙方的教育程度差距太大，對於他們的生活滿意度就會有負面的影響。」

在這項研究中，來自瑞士蘇黎世大學與德國波昂勞動研究中心（Institute for the Study of Labour）的科學家，針對一組德國受試者累積十七年的資料進行研究。每一年，研究人員都會問這些受試者是否滿意自己的生活，並請他們以一到十分來評定自己的快樂程度有幾分。接著，研究人員會將歷年來的分數與受試者的婚姻狀況一起進行比對。

研究人員將受試者十七年來的生活滿意度繪製成圖表，結果發現，在即將結婚之前，男女受試者對自己的生活感到越來越滿意。但是結婚之後，滿意程度就開始下降。

資料顯示，婚後十二個月左右，受試者的幸福程度達到最高；等到結婚五年之後，幸福感又出現第二次高峰，但是幅度比前者小。

目前科學家仍然無法解釋其中的原因。但是有一項理論認爲，人們從單身身分轉變成已婚時，幸福的感受也會跟著改變。另一項理論則認爲，人們在親密伴侶的影響下，對於生活的愉快與不愉快觀感也會隨之調整。

研究結果也顯示，和沒有離婚的人比起來，那些最終仍難逃離婚命運的人一直不太快樂，甚至早在婚前五年，他們就已經比較不快樂。婚後第一年是他們覺得最幸福的時候。結婚之後，他們的幸福程度只比婚前五年稍微高一點。

此外，研究結果也顯示，和雙薪家庭比起來，結婚之後各司其職的夫妻（也就是有一個人投入勞動市場，另一個人回歸家庭）在婚後八年以內，比較會對自己的婚姻生活感到滿意。

研究人員說：「根據報告指出，結婚後成爲專職家庭主婦的女性，平均擁有較高的生活滿意度。」

「我們發現，平均而言，教育程度差距較小的夫妻比教育程度差異較大的夫妻更滿意自己的婚姻生活。這個結果讓人們注意到婚姻經濟分析中經常被忽略的部份：伴侶關係。夫妻一起進行各種活動時所擁有的快樂、或是因爲互相陪伴而不再感到孤單寂寞、以及在伴侶的情感支持下提升自尊並且更加精進等等，這些無形的感受都是婚姻中很重要的部份，全都有助於增進已婚者的個人福祉。」

測量腿長

擁有一雙長腿的女性確實最具魅力。

根據研究人員表示，女性最完美的體型就是腿長爲上半身長度的一．四倍。但男性則是以腿長稍短、大約與身體一樣長度的體型最吸引人。

研究腿部長度的科學家相信，人們之所以認爲長腿的女性以及腿部比例較短的男性比較有吸引力，其中一定有不同的原因。

女性如果擁有一雙修長的腿，似乎就表示她有良好的健康狀態與生育能力；然而，比例較短的腿部能夠讓男性看起來更有男人味。

雖然已有科學家在研究身高與吸引力之間的關聯，不過，這項新的研究中，英國利物浦大學與倫敦大學的心理學家卻是以身體與腿長的比例爲目標。

他們表示：「有很多研究認爲，身高是構成美麗外表的一項重要因素。但是很少有人把構成身高的身體長度與腿部長度分開來研究。其中一項因素僅有臨床研究人員注意到，卻被大多數人所忽略，那就是身體與腿長的比例。」

一般來說，雖然腿部比例約占成人身高的一半，但是每個人的比例其實都不一樣，尤其女性的身體與腿長比例（leg-to-body ratio，LBR）通常都比較高。

在這項發表於《身體意象》期刊（*Body Image*）的研究中，研究人員準備了一些男性與女性的素描，這些圖像各有不同的身體與腿長比例，接著請受試者爲這些圖像評分。

研究人員量測的腿部長度是指腳底到骨盆腔頂端的距離（臀部上方與腰部下方的位置）。身體的長度則是從頭頂到骨盆腔的距離。

所有受試者都要對男性與女性的素描進行評分。評分結果顯示，受試者不分男女全都偏愛身體與腿長比例較高的女性圖像以及比例較小的男性圖像。

從研究結果看來，人們認爲女性的最佳身體與腿長比例爲一．四，男性的最佳比例則是一．〇。

研究人員說：「這個研究結果符合『身體與腿長比例是判斷男性與女性之外表吸引力的重要標準』。整體而言，男性與女性受試者，都偏愛身體與腿長比例較高的女性以及比例較小的男性。」

「這項研究凸顯出，人類的『雌雄二形』特徵將會影響我們對於外表吸引力的判斷，這項因素在此之前並未受重視。從這項結果可以看出，較高的身體與腿

▶ 雌雄二型（sexual dimorphism）：同種生物的雄性和雌性呈現出明顯可見的差別，可能是體形、外表顏色、甚至是身體構造的不同。就人類而言，與生殖功能相關的部位當然有男女之別，主要像是內外生殖器、肌肉比例、胸部、毛髮形態、身高等等。

長比例會增加女性魅力，但是它卻會降低男性的外表吸引力。」

然而，科學家仍然無法解釋為什麼擁有一雙修長美腿的女性比較有吸引力，而長腿的男性卻比較沒有魅力。針對這個現象，有一項理論認為修長的腿部就是健康的象徵。

心理學家表示，有一些研究結果顯示，身高較高的女性其骨盆寬度比身高較矮的女性來得大，因此身高較高的女性在生產時會比較順利，她們也比較能夠承受體重較重的胎兒。

其他研究則顯示，較長的腿部比例象徵健康情況良好；研究報告指出：「成長過程如果受到干擾，將會導致身體比例較長而腿部較短。如果一個人在發育過程中因為營養不良或心理壓力導致成長速度減緩，那麼這個人在長大後其腿部比例就會比身體比例小。」

腿部比例較長的人也被認為比較不會罹患心臟病、癌症和糖尿病，此外，他們的血壓比較低、心血管的狀態比較好、成年後的死亡率也比其他人低。

然而，這些說法雖然可以解釋為什麼腿長的女性比較有吸引力，卻無法說明人們為什麼比較喜歡腿部比例較短的男性。

測量胸部的晃動幅度

胸部較大的女性，慢跑時會因胸部晃動所產生的衝力而造成傷害。感謝科學家們對胸部的晃動情形進行研究，很快地，我們就可以降低這種傷害。

研究人員已經測量到，女性在慢跑時其胸部的垂直移動距離最大可超過七十公厘，他們表示，由於這種情況下所造成的壓力與拉力都非常大，因此胸罩肩帶可能會傷害到神經、造成小指發麻。

但是，現在研究人員已經發展出一種可自動感應的智慧型纖維，這種纖維可應用在專爲女性設計的運動內衣上，以減少運動時胸部的彈跳幅度。

由於女性的胸部沒有任何可提供支撐的肌肉或骨骼，因此必須有外在的支持才能減少胸部的擺動，運動時更需要適當的支撐力；研究人員說：「因爲女性的胸部缺乏足夠的生理構造支撐力，所以她們通常都需要穿戴胸罩一類的外部支撐以減少胸部的晃動，尤其是在運動的時候。」

研究人員將他們的研究結果發表於《生物力學期刊》（*Journal of Biomechanics*），他們表示，雖然胸罩能夠有效減少胸部晃動，但是目前的胸罩設計都是以肩帶來承受胸部在運動時所產生的大部份衝力。

「胸部越大，胸部晃動所產生的衝力也會隨之增加，肩帶的負擔也變得更重，而這股極大的壓力最後則落在穿戴者的肩膀上。」

研究人員表示，若是肩帶承受的壓力過大，就會在穿戴者的肩膀上留下深深的勒痕，並影響到肩膀下方的神經。他們說，神經如果受到重壓，將會導致小指感覺異常、麻痺、刺痛與發燙。除此之外，也會出現其他由肩帶所引發的疼痛。

研究人員說：「除了肩帶引起的相關疼痛之外，許多女性、尤其是胸部較大的女性，都會因爲運動時胸部上下擺動幅度過大而感到疼痛，導致她們的運動受到限制。」

澳洲臥龍崗大學（University of Wollongong）進行的研究中，科學家設計了一種裝設有感應器的特殊纖維，它能夠偵測女性在走路或是使用跑步機時其胸部所產生的細微晃動。

科學家使用一種外面包覆著聚合物的感應器來偵測胸部的晃動情形，他們用魔鬼沾和膠帶將感應器貼在每一位受試者的胸罩上。感應器從距離乳頭最近的肩帶末端開始，由近而遠依序貼在胸罩的右側肩帶上。

每個感應器末端所伸出的傳輸線，連到受試者腰間的傳輸器上，傳輸器接著再把應力與應變資料傳送到藍芽遠端接收器。另外，研究人員直接在傳輸線上安裝一些紅外線發射二極體，並以公厘爲單位記錄各感應器之間的距離變化；研究人員也在受試者內衣下的右邊乳頭以及胸骨切跡兩處裝設二極體，以便計算胸部的垂直位移。

研究結果顯示，女性在走路時，其胸部的垂直位移距離爲十一公厘到二十五公厘，跑步時則是四十三公厘至六十八公厘。

研究人員說：「我們的結論是，儘管這些外面包覆著聚合物的纖維感應器會因爲紡織品的幾何變化而在傳輸資料時出現些許延遲，但是它們仍然能夠準確並忠實地呈現出女性在使用跑步機時其胸部的垂直位移變化幅度。」

▶ 胸骨切跡（sternal notch）：鎖骨之間的凹陷處。

測量手指長度

無名指很長的小孩比較容易過動，也比較會出現行爲問題與社會問題。

食指長的小孩則比較神經質、比較敏感。

一項針對英國與奧地利的學齡前兒童所進行的研究顯示，小孩子的手指長度比例是他們將來是否會出現種種行爲問題的重要指標。在此之前，已經有其他的研究結果顯示，從一個人的食指和無名指的比例可以看出他是否擁有卓越的運動能力、具侵略性、擁有很多性伴侶、自我中心，並且容易沮喪。

這項研究的中心理論在於，食指與無名指的長度是子宮內荷爾蒙分泌情況的指標，它們可以看出媽媽的子宮在重要的孕期前三個月發生過什麼事。特別的是，它們也可以顯示出懷孕早期母體的荷爾蒙濃度，當胎兒的大腦、心臟與其他器官開始發展時，此時母體所分泌的荷爾蒙將會影響胎兒的成長。

如果無名指比較長，表示胎兒在發展大腦、心臟等器官時暴露在高濃度的男性荷爾蒙睪固酮環境；如果食指比較長，則表示當時母體的雌激素濃度比較高。

在這項新的研究中，奧地利與英國的研究人員分別測量奧地利首都維也納與英國蘭開夏郡（Lancashire）學齡兒童的手指長度，接著請這些兒童的父母親填寫一份評估行爲問題的詳細問卷。這份問卷的問題包括情緒方面的症狀、行爲問題、過動、注意力不足、同儕關係問題以及社會行爲。

調查結果顯示，被父母親列爲有攻擊性與品行違常等較嚴重問題的小孩，他們的手指比例通常都比較小。而且手指比例越小的兒童越容易發生問題。

手指比例小的男孩子比較容易出現品行問題與過動的情況，手指比例小的女孩子則比較會產生利社會行爲（pro-social behaviour）。

「我們有兩項重要發現。手指比例小的兒童，表示他們在母親的子宮內接觸到較高濃度的睪固酮，這樣的小孩比較容易出現許多行爲問題，例如品行問題、脾氣暴躁、恃強欺弱、和其他小孩打架等等，此外他們也比較容易過動、不專心。整體來說，不論男孩女孩都一樣會發生這些情況。」

英國蘭開夏中部大學（University of Central Lancashire）的演化心理學家曼寧教授（Professor John Manning）說：「這些兒童的社交行爲也會減少，他們比較不會考慮其他小孩的心情，而且看到別人需要幫助時也比較不會伸出援手。」

「我們發現的第二個重點就是：這些行爲問題與手指比例之間的關係確實非

▶ 手指比例（Digit Ratio）指的是以食指長度除以無名指長度所得到的數據。如果兩根手指一樣長，其手指比例就是一。如果無名指比較長，其手指比例就會小於一。一般而言，男性的無名指會比食指長。

常強烈。這是行爲特徵方面的研究至今所發現到的最強大關聯結果。一個人的跑步速度也和他的手指比例有著強大的關聯性，我們甚至能夠準確預測誰可以在賽跑比賽中勝出。」

「我們先從手指比例高、也就是手指比例稍微大於一的情況開始研究，接著往下，例如〇·九。手指比例每改變一些，就會對人們造成不同的影響。比例越小，就越容易出現過動的情況，這也表示說，如果胎兒期暴露在較高濃度的睪固酮環境中，將來的個性比較不會太過於神經質。」

測量腦力

和之前四十二位曾經入主白宮的美國總統相比，前總統小布希（George W. Bush）的智商幾乎是最低的。

根據一項新的研究顯示，小布希的智商只贏過卸除總統職務後擔任財務公司合夥人、最後還導致破產的格蘭特將軍（General Ulysses S. Grant）。

常常被嘲笑沒大腦的美國前總統雷根（Ronald Reagan），他的智商不但勝過小布希，甚至還高於華盛頓這位開國元老。

小布希也被研究人員評選爲心胸最不開放、最守舊的美國總統，他在這方面的得分是○，相較之下，美國第三任總統傑弗遜的得分高達九十九；此外，小布希在智力方面的分數爲負○．七。

在美國歷任總統中智商最高的是第六任總統小亞當斯（John Quincy Adams），他是一位畢業於哈佛大學的律師，也是第一位繼其父親之後擔任總統

▶智商（IQ）：通常是用一套標準化的測驗題算出，若以常用的魏氏量表（Welchsler Scale）為例，所有人的平均為一百分，一百三十分以上已是高分，僅占總人口數的二．二%。

一職的美國元首。

研究人員將這項研究發表於《政治心理學》期刊（*Political Psychology*），他們說：「身為國家元首，小布希的智力對於他的表現或許不是什麼助力，而是一項不利條件。他的長處很可能展現在其他方面。」

然而研究人員表示，小布希仍然比一般人聰明；研究報告的作者說：「小布希當然是聰明的。據估計，他的智商範圍介於一百一十一．一到一百三十八．五之間，平均智商大約為一百二十五左右。他的天生智力在大專畢業生當中可排在前段。此外，小布希的智商也比總平均值大一個標準差以上，表示他位於智力分布曲線的前十%。」

在這項研究中，研究人員分別估算華盛頓到小布希這四十三位美國總統的智商、領導能力、對新事物的開放性和聰穎程度。

由於美國歷任總統中大部份都在智力測驗出現之前就已經辭世，因此研究人員只能透過許多原始資料來評估這幾位總統的智商，包括檢視他們的自傳與個人檔案，並且將他們在童年與青少年時期的表現做為部份評估依據。

研究人員從美國歷任總統的傳記中找出有關其人格特徵的描述，在排除人名資訊後，他們邀請許多立場中立的人士檢視上述資料，並為這四十三位總統打分數；檢視每一位總統在選前所發表的言論，評估他們在不同年齡階段的智商。另外，研究人員也參照了五種與智力正相關的人格特質，包括對新事物的接受度（例如新的想法）等等。

研究結果顯示，小亞當斯總統的智商爲一百七十五，是美國歷屆總統之冠，第二名是傑弗遜與麥迪遜（一百六十），接著依序爲甘迺迪（一百五十九．八）、柯林頓（一百五十九）、卡特（一百五十六．八）、亞當斯（John Adams，小亞當斯總統之父，智商爲一百五十五）、亞瑟（一百五十二．三）、加菲爾德（一百五十二．三）以及羅斯福（一百五十．五）。

智商最低的十位分別是華盛頓（一百四十）、哈定（一百三十九．九）、泰勒與杜魯門（一百三十九．八）、詹森（一百三十九．八）、布坎南（一百三十九．六）、塔夫脫（一百三十九．五）、門羅（一百三十八．六）、小布希（一百三十八．五），最後是格蘭特（一百三十）。

在聰穎程度方面，傑弗遜總統以三點一分居眾人之冠，接著是甘迺迪的一點八分，以及威爾森的一點三分。最後兩位則是哈定與柯立芝。

在新事物的接受度方面，傑弗遜、林肯與小亞當斯總統的分數都超過九十分，甘迺迪與柯林頓緊追在後。前總統小布希的分數最低，零分。

這篇研究報告的作者加州大學戴維斯分校（University of California at Davis）的西蒙頓博士（Dean Keith Simonton）說：「自從小布希當選爲美國總統之後，

各界無不對他的一般智力（general intelligence）產生懷疑。上述研究成果爲這些疑問提供了更客觀、更量化的處理方式。」

「小布希的智商比其他幾位曾經入主白宮的美國前總統還要低。事實上，他的智商幾乎是歷任美國總統中最低的。如果比較二十世紀以來的幾位元首，從老羅斯福總統一直到柯林頓，其中只有哈定的智商比小布希還低。」

研究人員說：「小布希的智商比前一任總統柯林頓低了二十分，在這樣鮮明的對比之下，更凸顯出小布希在智力上的差距。」

「柯林頓的智力表現於榮獲羅氏獎學金以及畢業自耶魯法學院，此外他還能夠掌控大量複雜且細密的資訊，他雄辯高談、口才便給，他邏輯觀念清楚、處事精練（有時候柯林頓的這種長處會讓人覺得他在強詞詭辯，例如他在陸文斯基醜聞風暴中的處理態度），這讓柯林頓在智力表現上大大勝過他的繼任者。」

所有的跡象都顯示，自一九九二年開始一直到二〇〇四年當選爲美國參議員前都在芝加哥大學（Chicago University）法學院擔任教授的歐巴馬（Barack Obama），在智力方面也很有可能打敗小布希這位前任總統。

▶ 羅氏獎學金（Rhodes Scholarship）是根據英國人 Cecil John Rhodes 的遺囑於一九〇二年在牛津大學創設的獎學金，以英國、美國和德國的優秀學生為授獎對象。

測量女性的身材

男人之所以喜歡漂亮的女人，或許是因爲她們的生育能力比較強。

科學家發現，外表對稱、也就是身體左右半邊模樣幾乎相同的女性，她們的生育能力顯然比其他女性還要好。研究人員指出，外觀看來不對稱的女性，其女性荷爾蒙濃度比其他女性少了三十%，懷孕的機率也因此降低。

研究人說：「我們的研究結果顯示，對女性而言，對稱的外表與較高濃度的雌二醇有關，而較高濃度的雌二醇能則代表擁有比較好的生育能力。因此，那些被比較對稱之女性所吸引的男性，成功繁衍的機率可能會比較高。」

我們已經知道，對稱的外表是構成吸引力的重要因素之一，一般人都認爲不論男女都要長得左右對稱比較有魅力。

然而，科學家一直無法解釋爲什麼外表對稱的男女比較具有吸引力。新的研究顯示，人們之所以比較喜歡外表對稱，也就是左右兩邊的腳、腳踝、手、手指、眼睛、胸部、手臂和耳朵的大小與形狀一致，或許是因爲演化的因素。

科學家們認爲，一個人如果具有對稱的外表，就表示這個人擁有良好的健康狀態、優良的基因以及良好的生育能力。

爲了測試這項理論，哈佛大學與挪威、波蘭幾個研究機構的研究人員以大約兩百位女性受試者爲對象進行詳細研究，她們的年齡在二十四歲到三十六歲之間、月經週期規律、沒有生育問題，也沒有使用避孕藥。

研究人員分別測量受試者的左手手指長度與右手手指長度，以判定她們的外表是否對稱。在測量雙手的食指和無名指時，研究人員以公厘做爲量測時的最小單位。左手無名指與右手無名指的長度差距在一公厘以內的受試者就是對稱型；然而如果雙手無名指的差距超過兩公厘，就屬於不對稱型。

另外，研究人員還檢測受試者的唾液，以得知她們的雌激素濃度。檢測結果顯示，兩種類型的女性在雌激素濃度上有著相當大的差異。在排卵期間，對稱型女性的雌二醇濃度比不對稱型女性高出二十一%。在平時，對稱型女性的雌二醇濃度更是比不對稱型女性多了二十八%。

研究人員說：「女性在月經週期所分泌的雌二醇是成功受孕的重要關鍵，因此雌二醇的濃度就是女性懷孕能力的重要指標。」

他們表示，雌二醇的平均濃度會影響到十二%的受孕能力，當濃度提高三十七%，受孕機率就會增加到三十五%。

研究人員說：「研究結果顯示，對稱型女性的雌二醇濃度比不對稱型女性幾乎高出三十%。這種荷爾蒙濃度差異，大大提升對稱型女性的受孕機率。」

科學家表示，較高濃度的女性荷爾蒙，或許是對稱型女性比其他女性健康的原因，因爲荷爾蒙能夠促進免疫系統的功能。

然而，研究報告的作者也提出一些負面效應：對於對稱型女性來說，生育年齡的高濃度女性荷爾蒙可能會讓她們在停經後出現一些問題，因爲當女性的生殖相關荷爾蒙濃度持續過高時，她們罹患乳癌和其他惡性腫瘤的機率也會升高。

另一項來自新墨西哥大學（University of New Mexico）的研究顯示，五官對稱的人對疾病比較有抵抗力。左右對稱的人比較能夠有效地抵抗普通的感冒、氣喘和流行性感冒。研究人員測量了大約四百位年輕人的臉部特徵，並且比對這些受試者近三年來的健康紀錄，結果發現，五官對稱的人比較健康。

西澳大利亞大學（University of Western Australia）的研究人員也發現，男性的外表是否對稱與他的精子品質有關。研究人員找來一些十八歲到三十五歲之間的受試者，並測量他們的耳朵長度、手腕直徑、手肘直徑、腳的長度與寬度，結果發現，左右兩邊不對稱的受試者其精子品質比較差。這項發現或許能夠解釋爲什麼女性總是在不知不覺間被五官端正的男性所吸引。

▶ 女性荷爾蒙：泛指與女性生育有關的荷爾蒙，可分為雌性素（estrogen）和助孕素（progestagen）兩大類。其中，助孕素主要是黃體素（progesterone），雌性素主要是雌二醇。

睡眠研究

睡覺不只是進入夢鄉而已。

睡覺的方法還有好壞之分，而且根據研究人員表示，睡覺的行爲與睡眠本身都和社交禮儀有關。

他們說，我們每天晚上睡覺時，背後都有一套適當與不適當、允許或禁止的社交規範在牽制著每個人。

英國華威大學（University of Warwick）的這項研究發表於《社會學》（*Sociology*）期刊中，研究人員說：「我們如何睡覺、何時睡覺、在哪裡睡覺、爲什麼要睡覺以及和誰一起睡都各自有著不同的社交、文化以及歷史意義。」

「睡眠展現出與我們生活的另一面，在這一段期間當中清醒的意識、意志的掌控力、以及可預期的種種文明行爲規範，全都失去作用。我們在睡覺時，各種奇怪或是美好的事情都可能發生，這些事情也許會讓你感到困窘難當，甚至羞愧自慚。」

研究報告指出，睡覺時雖然失去清醒的意識，但是你的身體還是會有感覺。事實上，在很多情況下人們只是半睡半醒。

研究報告說：「人們在睡覺時確實有可能殺人。攝影機也曾經拍攝到，節食者在晚上睡覺時跑去廚房大啖美食，享用那些自己喜歡但是意識以及節食計畫絕對不允許的食物，而且他們在醒來之後完全不記得有這回事。」

根據研究人員表示，人的睡眠分爲幾種不同的類型：

裝睡型：人們會因爲各種不同的社交目的而裝睡。「女性（其實男性也會）可能會藉由裝睡來逃避伴侶的求歡、嘮叨或是其他要求。」舉例來說，人們也有可能假裝睡著，以便偷聽其他人的對話或是做更不好的事。

謹守社會規範型：雖然睡覺時會失去清醒的意識，但是當有人叫喚你的名字時，你的意識還是有可能被喚醒。「爲人父母者的睡眠（特別是媽媽的睡眠）顯然會重新調適，以致於出生不久的小嬰兒只要發出輕微的哭聲或稍微動一下，爸爸媽媽就會立刻醒來。」

打盹型：又稱爲「半睡型」，這一類型的人包括搭火車上班的通勤者，他們能夠在通勤時打瞌睡而且不會坐過站。此外，他們在火車上打盹時還能夠維持公共場所應有的禮貌，也就是說他們不會睡得東倒西歪、會尊重別人、行爲舉止也會維持恰當，因此不會打擾到其他乘客。

小睡型：「在上班時小睡片刻不再需要偷偷摸摸或掩人耳目了，至少在某些工作上，如果公司沒有明文禁止，那麼員工稍微小睡一下也沒關係。有些公司甚至為員工設計了專用的『休息室』或『休息營』。」

偏執型：這一類型的人很注重自己的睡眠，他們在睡覺時無法忍受其他人的打擾。「如果我喜歡睡覺時關燈，但是我的伴侶喜歡睡前在床上看書，這樣一來，她的床邊閱讀時間就會因為我的關燈政策而被迫縮短，於是我就被說成一個不顧別人感受、自私或是偏執的人。」

自私型：這一類型包括睡覺時會打鼾的人或是未尋求治療的夢遊者，還有聽到寶寶哭泣時只會轉過身繼續睡的男人。「例如說，如果我的伴侶在半夜心情不好、需要人安慰，或是輪到我要起來餵奶或哄小孩入睡，但是我只顧自己睡覺而沒有盡到這些義務，我的伴侶就會說我自私、不體貼。」

腰圍測量

英國的男性和女性突然都變胖了起來。

現在，男性的腰圍平均超過三十七吋，女性的三圍平均爲三十九、三十四、四十一（吋）。在一項以將近九千名英國成人爲對象的身體掃描研究中，科學家也發現美國人和英國人的平均體型有很大的差異。

研究人員表示，這個差異或許可以解釋爲什麼美國人比英國人更容易罹患糖尿病、高血壓、心臟病、中風以及癌症等疾病。

同時他們也表示，由於糖尿病、高血壓等疾病的患者越來越多，因此我們或許可以利用三度空間人體掃描這項價格便宜的新科技來辨識出可能罹患這一類疾病的人，並且檢視病患的治療成效。

倫敦大學的這項研究發表於《國際肥胖症期刊》（*International Journal of Obesity*），研究人員表示：「我們的分析結果顯示，英國和美國的白種成人體型有著相當明顯的差異。這些差異或許是造成兩國人民發病率和死亡率不同的主要關鍵。」

在這項研究中，研究人員比較了英國成人和美國成人的體型差異。他們的研究資料來自十七歲以上的三千九百零七位英國男性和四千七百一十位英國女性，以及同樣年齡爲十七歲以上、人數也差不多的美國受試者。所有受試者都經過特殊掃描儀器測量。

研究結果顯示，英國女性的平均體重爲六十六公斤或一百四十五磅，剛好超過十英石；而英國男性的典型體重爲八十點三公斤或一百七十七磅。美國男性與女性的體重分別比英國男女多出八到十三磅左右。

在英國，總共有三十八．八%的男性以及二十七．三%的女性體重過重；男女合計有十三．七%的人屬於肥胖。美國男性與女性體重過重的人口比例跟英國差不多，但是在美國男性中有二十三．六%的人屬於肥胖，美國白人的肥胖人口比例爲二十一．三%。

根據調查結果顯示，英國女性的平均胸圍是九十九公分或三十八．九吋，美國女性的平均胸圍則是一〇三公分或四十．五吋。

在英國，男性與女性的大腿圍平均都是差不多四十九公分或二十吋。在臀圍方面，兩者只相差一公分，男性的平均臀圍是一〇三公分、女性的平均臀圍是一

▶ 英石（stone）為英國的重量單位，尤其用來表示體重，1英石等於14磅。

○四公分，相較之下，美國女性的平均臀圍高達一○七公分。

研究結果也顯示，兩國人民的腰圍尺寸都有增加的趨勢。半個世紀以前，英國女性的腰圍平均只有二十七吋。根據研究報告指出，英國女性受試者的平均腰圍是八十七．四公分或三十四吋。美國女性的腰圍甚至比英國女性還要粗，她們的平均腰圍是八十八．四公分。

報告中指出：「依據受試者的年齡與身高進行調整之後，美國男性與女性的體重、身體質量指數和腰圍都明顯比英國男女高。按照體型比例來說，美國白種男性的腰圍比英國白種男性的腰圍還要粗，然而美國白種女性的腰圍卻比英國白種女性的腰圍細一些。」

研究人員表示，他們所發現的這些差異或許能夠解釋兩國人民在患病率與死亡率方面的不同。

他們說，從目前的重要證據看來，罹患疾病的風險越來越高和越來越普遍的肥胖情形有關，但是，以身體質量指數來測量肥胖程度並不精準，因爲每個人發胖的地方都不一樣。

據指出：「在研究這項議題時，最主要的障礙就是我們用來判別肥胖的方法太過簡略。因爲，與疾病風險最有關聯的是中央脂肪團（central fat mass），但是身體質量指數並沒有辦法適切地標示出人們在這方面的肥胖程度。」

▶ 身體質量指數（Body Mass Index，簡稱BMI）：將體重（單位為公斤）除以身高（單位為公尺）的平方值，就得到所謂的身體質量指數。對於成年人而言，建議值為22，偏離此值越遠，健康出問題的風險越高；依據WHO的定義，BMI超過23即屬過重，25以上就算肥胖。

研究人員又說，他們在研究中利用三度空間掃描儀器為只穿著內衣褲的受試者進行全身掃描，這種身體掃描方式或許能夠準確評估患病風險。

他們說：「我們的發現凸顯出，三度空間身體掃描或許有助於判定人們的患病風險，同時也能夠監控病人的狀況。」

「三度空間身體掃描不但能提供許多與體型有關的資訊，它的費用也比斷層掃描便宜許多，若是再結合特定種族的相關資料，這個身體掃描方法或許就能辨別出那些容易患有代謝症候群的高風險群，同時還能夠追蹤這些人對於治療方法的反應。」

〔後記〕

你覺得條狀的照明燈很性感嗎？或者，你比較喜歡看汽車烤漆烘乾的過程？

當然，我們的日常生活當中還有太多太多的事情值得研究。就在此時，數以千計的研究人員正埋頭進行那些看似奇怪、令人不解或是很無聊的研究，但是這些研究背後都有著嚴肅的目標。

找出蟑螂最喜歡的交配時間（實際上，傍晚到午夜是牠們偏好交配的時間）似乎沒有什麼用，但是它或許有助於發展出對付這種害蟲的新方法。從不同的地區蒐集並測量菸屁股的長度看起來好像沒有太大的意義，但是它幫助紐西蘭的學者們找出菸癮最大的吸菸者（最短的菸屁股是來自貧窮、缺乏物資的地區）。

有些研究人員現在正在觀察汽車烤漆需要多少時間才會乾透、金屬多久會鏽蝕，其他學者則正試著找出日光燈如何影響性行為，或是研究蠑螈如何求偶。

除此之外，觀察蝸牛之間的首領遊戲、探究山羊的性行為、計算義大利麵條的斷裂韌度等等，都有人在進行研究。測量胃腸脹氣的情況、觀察麵包發酵、以及試著讓人的睫毛增長兩公厘等等研究，也在持續進展當中。

科學研究在各方面都站上歷史高點：研究人員與研究計畫的數量龐大，大專院校擴張推波助瀾，眾多科學期刊的需求（目前，光是世界上最大醫學與其他科學文獻出版社之一的愛思唯爾Elsevier出版社就收藏了超過九百萬篇以上的論文），以及社會大眾的求知渴望與日俱增（對研究人員來說，眞是千載難逢的良機）。

在如此友善的氛圍下，眞正的障礙只有一個，那就是資金。這早就不是什麼新鮮事；正如愛因斯坦所說：「如果你無需靠它養家活口，科學眞是個好東西。」

▶ 首領遊戲（follow-my-leader），印第安小孩的一種遊戲，帶頭的小孩做出什麼動作，其他小孩就要跟著做。

MAGIC 016

INK PUBLISHING

扒糞救地球——改變世界的77種方法

作　　者　羅傑・多布森（Roger Dobson）
譯　　者　謝伯讓　高薏涵
總 編 輯　初安民
責任編輯　崔宏立
美術編輯　黃昶憲　林麗華
校　　對　崔宏立

發 行 人　張書銘
出　　版　INK印刻文學生活雜誌出版有限公司
台北縣中和市中正路800號13樓之3
電話：02-22281626
傳真：02-22281598
e-mail : ink.book@msa.hinet.net
網　　址　舒讀網http : //www.sudu.cc

法律顧問　漢廷法律事務所
劉大正律師
總 經 銷　成陽出版股份有限公司
電話：03-2717085（代表號）
傳真：03-3556521
郵政劃撥　19000691　成陽出版股份有限公司
印　　刷　海王印刷事業股份有限公司

出版日期　2010年12月　初版
ISBN　978-986-6377-77-8

定價　300元

國家圖書館出版品預行編目資料

扒糞救地球——改變世界的77種方法／
羅傑・多布森作；謝伯讓、高薏涵譯
--初版，--臺北縣中和市：INK印刻文學，
2010.12　面；　公分（Magic；16）
譯自：Boringology
ISBN　978-986-6377-77-8（平裝）
1.科學　　2.雜文
307.9　　99008607